尹欣 韩帆 编著

Maya
基础与游戏建模

U0227775

清华大学出版社
北京

图书在版编目（CIP）数据

Maya基础与游戏建模 / 尹欣, 韩帆编著. — 北京 :清华大学出版社, 2022.7（2024.8重印）
ISBN 978-7-302-61182-0

Ⅰ. ①M… Ⅱ. ①尹… ②韩… Ⅲ. ①三维动画软件—教材 Ⅳ. ①TP391.414

中国版本图书馆CIP数据核字(2022)第110659号

责任编辑：宋丹青
封面设计：常雪影
责任校对：宋玉莲
责任印制：杨 艳

出版发行：清华大学出版社
　　　　网　　址：https://www.tup.com.cn, https://www.wqxuetang.com
　　　　地　　址：北京清华大学学研大厦A座　　邮　编：100084
　　　　社总机：010-83470000　　　　　　　邮　购：010-62786544
　　　　投稿与读者服务：010-62776969，c-service@tup.tsinghua.edu.cn
　　　　质量反馈：010-62772015，zhiliang@tup.tsinghua.edu.cn
印　装　者：三河市龙大印装有限公司
经　　销：全国新华书店
开　　本：185mm×260mm　　印　张：16.75　　字　数：360千字
版　　次：2022年8月第1版　　　　　印　次：2024年8月第3次印刷
定　　价：79.80元

产品编号：090795-01

序

目前，我国普通高等学校及中高等职业院校的设计艺术学专业以及高等艺术院校都开设了三维动画游戏设计专业。同时，在动画游戏专业框架下又衍生出若干分支，其中大部分课程均以学习操作三维软件为主。Autodesk 3ds Max、Autodesk Maya、Cinema4D这三种三维软件是目前各院校的主流教学软件，同时也被动画和游戏行业所广泛采用。虽然现在学习三维软件的人越来越多，行业需求量也与日俱增，但是市面上能见到的相关教材数量并不多，大多Maya教材版本陈旧，不能适应时代发展的需要，为初学者打开Maya之门带来了一定的困难。相比之下，互联网的发展和普及为各种视频教学资料的迅速传播创造了有利条件：诸如哔哩哔哩弹幕网（B站）、优酷视频、腾讯视频等视频网站上的课程资源还是比较丰富的。但是在教辅用书方面，国外的情况要比我国好许多。各种软件书籍琳琅满目，初学者有较大的选择空间。同时，Lynda、Digital-tutors等视频网站专门提供软件的教学服务，但这类视频都是全英文教学，对初学者的英语水平要求较高。虽然目前人们的选择余地多了，但是以书本形式来讲解操作过程的新版教材还亟待出现。鉴于此种情况，笔者编写了这本Maya软件的基础与游戏模型建模教材，主要讲解该软件及第三方软件、插件中的一些常用工具和操作步骤，力求为初学者了解该软件的用法提供帮助。

本教材通过对软件基本操作、Polygon建模、UV拆分、材质与贴图绘制、ZBrush雕刻、法线烘焙及模型拓扑这七个部分充分讲解，由浅入深地让初学者了解Maya软件的大致功能和未来发展趋势。通过对不同类型模型的制作，让学生在了解Maya工作流程的同时，对三维模型制作产生兴趣，调动学习积极性。

本书具有四大特色：

第一，通过实例讲解各种工具的用法。Maya软件在三维软件行业中属于操作比较复杂的综合性软件，它整合了三维动画游戏制作与渲染的诸多功能，通过模块间的相互配合来实现工作者想要的效果。目前市面上的教材多为工具书，即把所有工具和命令单独罗列出来。这样单纯地罗列知识点的方式既枯燥又不能有效地让读者快速掌握操作原理。本书则是从制作完整案例流程出发，以其中所涉及的相关工具和命令的操作步骤来详细解读操作理论。这样既可以避免单独介绍工具带来的无聊感，又能够在做模型的同时了解工具的用法，对建模工作流程产生一个相对直观的印象。

第二，第三方软件及插件的用法讲解。目前任何一款三维软件都会搭配一些辅助软件来进行工作，Maya也不例外。建模流程中需要的软件主要有Adobe Photoshop、Substance Painter、ZBrush、CrazyBump、Marmoset Toolbag等。其中Photoshop为纹理贴图绘制软件，可在平面空间绘制贴图；Substance Painter 为基于物理的渲染（Physically-Based Rendering, PBR）贴图绘制软件，可在三维空间绘制贴图；ZBrush 为 2.5D 雕刻软件，可直接雕刻高模（面数较多的模型）或将低模转换成高模；CrazyBump 为法线贴图转换软件，可对原有贴图进行法线、置换、环境闭塞、高光以及颜色贴图的转换；Toolbag 为材质编辑、渲染、动画编辑预览软件，可以烘焙高质量的 PBR 纹理贴图。另外，非必要性插件的讲解也是本书一大特色。涉及的插件有拓扑插件 ziRail 和减面插件 polygonCruncher。最后，还介绍了 Arnold 渲染器，Arnold 是一款 Maya 自带的渲染插件，在模型最终完成时，渲染整体效果就需要用到 Arnold。总之，在使用 Maya 的同时，通过第三方软件来完成整个流程的制作，从而达到意想不到的效果是必须的。同时，第三方软件在整个工作流程中起到的作用也是 Maya 无法替代的。

第三，配合视频与课件跟着做。本书的配套视频课件通过扫描二维码下载。其中，视频教程按照每章的内容命名，课件为每章的工程文件（工程文件配套教材的第 3 章到第 9 章）。鉴于初学者没有软件基础，在每章文件包中给出了每一个制作阶段的模型，方便初学者校对。

第四，纳入"课程思政"元素，融入习近平新时代中国特色社会主义思想。书中从行业发展的角度出发，讨论三维游戏动画行业的专业素质培养问题，培养学生的职业素养及良好的行为习惯。就我国目前软件行业的发展现状进行讨论，思考我国自主研发各种软件的意义，弘扬民族主旋律。认识中华民族传统艺术审美精神，思考如何将传统中国元素融入模型贴图绘制中，强调模型制作应当在主题上传递正能量，树立学生的民族文化自信意识。

通过介绍传统展 UV 的插件，让学生意识到科技发展的速度，并分析现有插件的局限性，思考如何进行技术突破，实现民族振兴发展。借助第三方软件对高模进行拓扑，让学生了解实现目标的多种途径，从而转换固有思维，培养其发散性思考的能力。

就常用与不常用建模工具之间的关系进行思辨，思考其存在的意义。使学生对 Maya 的建模模块有一个全方位的认识，提高自主思辨能力。

操作类书籍往往容易忽略学习者遇到的许多特殊情况，例如某些工具打不开等，本教材针对该点设置了"注意事项"，罗列了每章的常见问题，方便初学者校对。

最后，本书的不足之处。首先，本书没有罗列出所有的命令，也没有对所有命令做过多详细说明，而是着重针对在建模过程中使用频率较高的工具进行阐述。另外，由于 Maya 软件的不断更新迭代，部分工具的操作方法仅仅适用于近期的版本。

鉴于时间仓促，水平局限，笔者在编写过程中难免会有疏漏，希望读者朋友们多多指正，提出宝贵的意见和建议，笔者会在今后的改版过程中逐一改进，谢谢大家。

韩 帆

2019 年 8 月

概　述

Maya 的发展历史

Maya 软件是目前较好的三维动画游戏制作软件之一。强大的特效和动画功能,使其在业界长期处于无可替代的地位。它最早是由美国 Alias | Wavefront 公司在 1998 年推出的,该公司由 Alias 和 Wavefront 组合而成。Alias 成立于 1983 年,位于加拿大多伦多市,由于最初的商业化程序与 anti-alias 有关,所以软件就叫 Alias。1984 年,Wavefront 公司在美国加州成立,因创办者喜欢冲浪而得名。1995 年两家公司合并,1998 年研发出第一代 Maya,工业光魔公司(Industrial Light and Magic)大量采购使之成为当时的主要 CG 特效制作软件,制作的影片包括《星球大战》《木乃伊》。随后,经过不断的升级,Maya 参与制作了《玩具总动员》《精灵鼠小弟》《金刚》等脍炙人口的经典影片。2005 年 10 月 4 日 Autodesk 公司花费 1.82 亿美元将其收购,而 Maya 8.5 则是被收购之后的版本,图 1 为 Maya 2008 和 Maya 2010 的启动界面。

图1

Autodesk 是全球最大的图形设计软件公司,旗下的 3D Max/Softimage XSI(2015 年停产)同样是三维行业的常用软件。该公司不断收购拥有了目前几乎所有主流二维和三维图形设计软件(工程特效设计类),与 Adobe 公司共同垄断着整个图形软件行业。可以说,Maya 归入 Autodesk 后,有了巨大的提升。随后推出的版本在影视广告、角色动画、电影特技等方面的功能更加完善,并且工作灵活、易学易用,制作效率极高、渲染真实感强。

Maya 软件每年都会进行更新,通常是当年 3 月开始更新产品,目前最新版本是 Maya 2023。值得一提的是 2016 版本(图 2)。该版本同时推出了 Motion Builder 2016 和 Mudbox

2016。前者专门为调动作和动态捕捉（Mocap）设计，后者是一款2.5D模型雕刻软件。可以说，2016版是Autodesk公司推出的罕见捆绑式软件。在随后推出的2017版中这两个软件则消失了。2016年之所以会有这两个软件出现，与该行业的工作流程有密切的关系。我们看到的电影动作特效一般有两种制作方式，K关键帧和动态捕捉。Maya自身有动画模块，它的自动关键帧等功能也十分强大，而动态捕捉系统有Open Stage、OptiTrack和Xsens Moven等知名品牌。Autodesk将Motion Builder 2016植入安装程序是为提高自己软件的使用率，让更多的人认识Motion Builder的优越性能。可惜捆绑式安装并没有达到预期理想，大部分用户还是会选择主流软件，Mudbox也同样如此，所以在2017版就取消了捆绑安装。

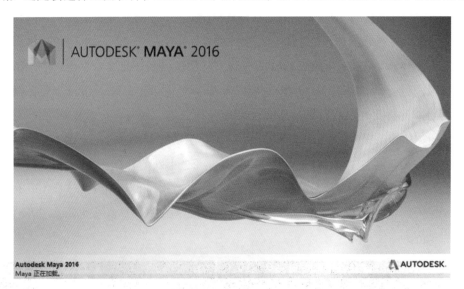

图2

Maya 2022在经过了前几代的迭代更新之后，已经变得十分强大且稳定了。相对于Maya 2018—Maya 2021而言，2022版的功能与用户界面没有过度调整，但对于第三方辅助软件的依赖程度越来越低了。例如，在展UV阶段，以前需要用UVlayout或者Unfold3D这样的第三方软件进行展开，过程中要将原模型导出OBJ格式，导入第三方软件展开后再导回来，现在的新版本将Unfold3D作为内置插件融合进来，方便了操作，提高了效率。

Maya 的应用范围

目前Maya软件被很多三维设计者所青睐，因为它能够提供高效的建模、动画、特效和渲染功能。随着该软件的不断升级，它在未来的工作流程会更加便捷。另外Maya也被广泛应用于平面设计领域。因为其强大的渲染能力使得三维与二维的边界开始变得模糊。其主要应用的商业领域如下。

1. 广告、产品设计、平面设计辅助

三维图像设计与平面设计在当今时代已经完美地融合在了一起。很多设计师在设计产品时都会先在 Photoshop 中画出二维概念稿，然后在 Maya 软件中将其三维化，如图 3 所示。一幅作品，无论是平面的还是三维的，现在我们很难说它到底是用什么软件做出来的。但可以肯定的是 Maya 在二者转化之间发挥着重要的作用。在广告领域里 Maya 也得心应手，它的 FX 特效模块集合当前如粒子、动力学、流体、布料、破碎、特效材质等一系列最常用的功能。在制作洗发水或牛奶广告时，一些液体的运动效果在现实拍摄中难以捕捉，Maya 就能够利用 Realflow 插件和 ZBrush 将其完美地表现出来，如图 4 所示。又如某张电影海报招贴画，卡通效果往往是在 ZBrush 中制作后放入 Maya 中渲染，再由 PS 美化完成。可以说，Maya 在这些领域里起到了至关重要的作用，在未来的行业发展中会更加明显。

图 3　　　　　　　　　　　　　　　　图 4

2. 电影特效

Maya 在电影特效方面的应用更加广泛。可以说，大部分好莱坞特效电影里面都有 Maya 的身影。其中，最早使用 Maya 的是著名的《星球大战》系列（图 5）。由于当时电影特效这个概念还不被人们所熟知，该电影的出现使得全球兴奋不已，出现万人空巷的局面。由乔治·卢卡斯创办的工业光魔公司（图 6）也成为了当时为数不多的电影特效制作公司。虽然现在影视特效技术已经普及，制作公司也开始逐渐增多，如著名的维塔数码公司（图 7）（彼得·杰克逊创办）、数字领域（图 8）（詹姆斯·卡梅隆创办），但是工业光魔的老大哥地位仍然是无法动摇的。众多好莱坞大片对 Maya 特别情有独钟，无论是早期的《侏罗纪公园》系列、《异形》系列、《木乃伊》系列、《哈利·波特》系列，还是后来的《指环王》系列、《加勒比海盗》系列和《变形金刚》系列等，无一例外都用到了 Maya。当然，这些特效公司在制作过程中并非都使用 Maya，一般情况下是用自己开发的软件制作特殊的效果，最后在 Maya 中进行合成。在这一过程中产生出的强大的插件最后被整合到 Maya 中，其技术在电影领域的应用越来越趋于成熟。值得一提的是 2005 年中国内地电影史上第一部三维动画电影《魔比斯环》就是用 Maya 制作的。其耗资超过 1.3 亿元人民币，由 400 多名动画师历时五年精心打造而成。同时，于 2016 年 9 月 30 日上映的《爵迹》，也

是中国第一部全 CG 真人动画电影，也是由 Maya 制作完成。在这里还要说一下三维动画电影制作，著名的皮克斯公司的前身是乔治·卢卡斯的电影公司的电脑动画部。1986 年，史蒂夫·乔布斯以 1000 万美元将其收购，成立了皮克斯动画工作室，之后于 2006 年被迪士尼以 74 亿美元收购。该公司在创办之初还没有 Maya 软件，计算机科学家艾德·卡特莫尔（图 9）和其他技术员共同研发电脑制作合成系统，开发出了皮克斯独有的 CG 制作系统，也为后来计算机图形学的发展打下了坚实的基础。现在，皮克斯运用自己改良后的 Maya 来制作模型和流体等，最后在自己的渲染系统中渲染。

图 5 　　　　　　　　　　　图 6

总之，Maya 软件最为强大并且独到的应用领域就是电影特效。可以说，其他领域都有相关软件可以代替，但唯独在特效领域它是无法替代的，这也是 Maya 在不断发展壮大的过程中一直保持行业霸主地位的原因所在。

图 7 　　　　　　　　　图 8 　　　　　　　　图 9

3. 游戏设计

Maya 在游戏设计领域的应用可谓是"后来者居上"。在电脑三维游戏刚刚起步的时候，3D Max 是该行业的领军者。1990 年，Max 的前身 3D Studio 成立，专门负责研发三维制作软件，直到 1996 年其第一个版本诞生，说它是 Maya 的老大哥也不为过。由于出现得早，当时没有其他可以制作3D模型的软件选择，所以该软件长期垄断游戏设计领域。直到2005年Maya 8.0诞生，3D Max在该领域的霸主地位才开始动摇。随着Maya的不断发展，其建模模块日趋完善，越来越多的人开始知道原来它也可以做游戏，Maya才真正进入人们的视野里。现在，3DMax在建筑装修和产品设计领域发展出独特的功能，逐渐转向这类工业设计领域，而Maya在游戏设计方面通过不断整合各种插件成为该行业的首选。

　　目前，该软件的雕刻、细分、UV、肌肉插件、MASH节点等功能的发展日趋完善，为游戏开发提供了强有力的帮助。从目前游戏行业的发展状况来看，Maya仍然是市场的主要部分。随着新设备的不断推广，手游、平板电脑以及VR技术逐渐占领未来游戏终端平台，但无论相关硬件设备如何发展，模型制作仍然是整个行业的重要基石。而Maya软件强大的建模功能则是该行业的基础。同时不得不提的，就是现在主流游戏模型制作软件ZBrush，如图10所示。2013年在育碧公司研发的一款Wii U平台游戏《僵尸U》的制作流程中可以看到，该类游戏采用Goz制作方式，即在Zbrush里将角色分精度雕刻细节后将初始精度模型导入Maya，拆分UV、烘焙法线贴图、AO贴图等，然后再加上细节贴到Maya模型上，最后导入游戏引擎中。目前多部分主机（次世代）游戏的制作流程基本类似，ZBrush雕刻技术反映出行业的最高制作水平。索尼公司在PS4平台上推出的次世代游戏《战神4》就是该技术的代表作。在上文中提到的MudBox（图11）也是一款类似的2.5D雕刻软件，在早期的高精度游戏制作中经常看到，现在用的人已经不多了。

图10　　　　　　　　　　　　　　　　　图11

4.3D打印与手办制作

　　3D打印（3D Printing，3DP）即快速成型技术，它是一种以数字模型文件为基础，运用粉末状金属或塑料等可黏合材料，通过逐层打印的方式来构造物体的技术，如图12所示。目前一般3D打印机可识别的格式为STL。早年3D Max是生成该格式的首选软件，Maya模型需要由OBJ格式在3D Max中转成STL格式。2018版本后Maya自带了STL导出功能，能够直接在Maya和3D打印软件（Cura、Craft Ware、Autodesk 123D等）之间切换，实时修改模型比例，方便实用。同时，ZBrush 4R7也提供STL导出，这就为手办爱好者制作模具提供了极大的便利。目前，手办模型制作行业开始流行在ZBrush中雕刻模型零件，如sideshow、拆盒网以及上海优塔数码（图13）等手办公司，他们在制作手办时会找模型师在ZBrush中设计造型，然后在3D打印机中将这些零件打印出来。涂装后，拿到工厂翻模，这样做不仅提高了工作效率，还能更加直观地看到手办在制作之前的大概面貌，为手办的修改和上色等流程提供了极大的便利。

图12   图13

总之，Maya的应用范围还有很多，凡是与三维沾边的领域它多少都能涉及一些，笔者就不再一一列举。未来Maya的发展会给三维领域带来新的活力，我们拭目以待。

本书拓展资源

1.视频教程

第1章 Maya常用功能　　　第2章 基本操作　　　第3章 多边形建模（消防栓）　　　第4章 展UV（消防栓）　　　第5章 材质与纹理贴图

第6章 多边形建模（布朗熊）　第7章 多边形建模（人头）　　第8章 高模制作（人头）　　　第9章 拓扑

2.课件

工程文件　　　　　　　　教学PPT

目　录

第1章 Maya常用功能

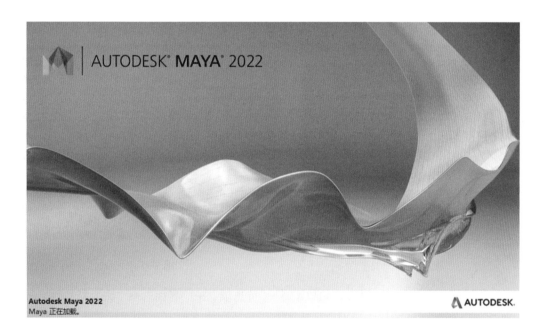

AUTODESK® MAYA® 2022

Autodesk Maya 2022
Maya 正在加载。

AUTODESK.

1.1　Maya常用功能介绍

在学习一个软件之初，我们首先需要了解该软件是如何操作的，它的基本功能有哪些，它的窗口及菜单布局有什么特殊之处，有哪些常用的快捷键和快捷操作，在某个菜单消失或者某个工具异常时如何快速恢复，以及在我们遇到问题时如何寻找答案。

以上这些问题均需要我们弄明白，也是为后面的学习打好基础，那么就让我们开启Maya的奇妙旅程吧！

1.1.1　界面介绍

在开始前，需要注意本书使用的是Maya 2022中文版本，所有菜单命令都是中文的。在刚打开软件后会出现一个对话框"新特性亮显设置"，如图1-1-1所示。勾选"亮显新特性"后Maya 2022的新增功能会有一个绿色大括号。如果我们在这里点击"取消"，进入界面后就没有这一大括号，但需要它显示出来时该怎么办呢？

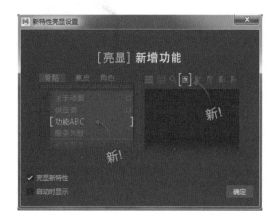

图1-1-1

图1-1-2

在菜单栏的"窗口"—"设置/首选项"—"首选项"—"界面"—"亮显新特性"—"亮显此版本中的新特性"处，如图1-1-2所示，勾选后即可恢复亮显状态。进入软件中，我们看到眼前的菜单布局如图1-1-3所示。但事实上菜单并不是只有这些，只是有许多被隐藏了起来，需要时我们要知道如何开启。那么，让我们来看看这些菜单叫什么，都有哪些用处吧。

1.标题栏

这是软件版本、文件存放路径、文件名以及所选对象的显示栏。注意：如果鼠标拖动文件到Maya打开是不会显示"文件存放路径"的，必须在"文件"—"打开场景"选择文件打开才会显示，如图1-1-4所示。

图 1-1-3

1.标题栏（Title Bar）   2.菜单（Menu）   3.状态栏（Status Line）
4.工具架（Shelf）   5.工具盒（Tool Box）   6.快捷布局（Quick Layout）
7.时间条（Time Slider）   8.范围条（Range Slider）   9.命令行（Command Line）
10.帮助行（Help Line）   11.通道栏（Channel Box）   12.工作区（WorkSubstancePainterace）
13.视图菜单（View Menus）   14.层编辑器（Layer Editor）   15.官网链接

M head.mb - Autodesk MAYA 2022: F:\head\scenes\head.mb

图 1-1-4

2.菜单

这是 Maya 软件所有菜单集合显示的区域，由于 Maya 的命令非常多，不可能全部在一个菜单显示，因此采用分组显示的方法。前面 7 个菜单和最后 3 个菜单为公共菜单栏，固定不变。中间的为模块菜单栏，根据不同模块切换。该版本还提供了工作区预设，专门为不同用户服务，如图 1-1-5 所示。

公共菜单栏	模块菜单栏	公共菜单栏	工作区预设
文件 编辑 创建 选择 界改 显示 窗口	网格 编辑网格 网格工具 网格显示 曲线 曲面 变形 UV 生成	缓存 Arnold 帮助	工作区: Maya 经典

图 1-1-5

"文件（File）"：用于文件的管理及工程目录创建，包括文件保存、文件导出、项目窗口设置等。

"编辑（Edit）"：用于对象的编辑，包括复制、剪贴、粘贴、删除、打组、解组、父子级等。

"创建（Create）"：用于创建一些常见对象，包括各种基本体、灯光、摄像机、文字和辅助工具、场景管理工具等。

"选择（Selection）"：用于选择不同类型的场景对象，包括按类型选择物体、全选、反选、多边形点线面层级下的扩大和收缩选择、曲线下的层级选择以及快速选择级等。

"修改（Modify）"：用于对象内部属性的修改，包括变换、枢轴、对齐、节点、命名、属性、对象、绘制和资源。

"显示（Display）"：用于提供工作区及物体显示状态的工具，包括视口和对象。

"窗口（Window）"：用于打开各种类型的窗口和编辑器的工具。

"缓存（Cache）"：用于创建、导入导出各种类型的缓存，包括 Alembic 缓存、BIF 缓存、几何缓存、GPU 缓存。

"Arnold"：用于提供目前流行的 GPU 渲染器 Arnold 的一系列服务，包括渲染窗口、灯光、替换、曲线收集器、体积、流体缓存、工具集等。

"帮助（Help）"：用于提供 Maya 所有问题的帮助解答，需要联网使用。

"工作区预设（WorkArea）"：用于提供不同模块工作区的设置，服务不同类型工作人群。

> 双击每个菜单上方的双虚线可以将该面板单独展开，方便活动。
> 双击某些命令后面的 ■，可以打开其设置面板。

3.状态栏

状态栏是 Maya 模块切换（Module Shift）和视图操作的工具按钮，主要功能是以图标的形式提供快捷操作。包括模块选择、文件管理、物体选择、捕捉、对称选择、渲染、账户登陆等 7 个工作区，同时状态栏还提供了建模工具包（Modeling Toolkit）、角色控制（Human IK）、属性编辑器(Attribute Editor)、工具设置(Tool Setting)、通道盒/层编辑器(Channel Box/Layer Editor)5 项 UI 元素的快捷启动方式，如图 1-1-6 所示。

图 1-1-6

"模块选择"：6 个模块，分别为建模（Modeling）、装备(Rigging)、动画（Animation）、FX（特效）、渲染（Rendering）、自定义（Custom），如图 1-1-7 所示。对应的快捷键为建模 F2、装备 F3、动画 F4、FXF5、渲染 F6，另外还有帮助 F1，它可以链接到官网。

"文件管理"：Maya 将新建 Ctrl+N、打开 Ctrl+O、保存 Ctrl+S、撤销 Ctrl+Z、重做 Ctrl+Y 这 5 个常用命令放置其中，方便用户操作，如图 1-1-8 所示。一般情况下，我们用快捷键较多。

图 1-1-7　　　　　　　　　图 1-1-8

"物体选择"：根据不同层级选择物体的各种属性对象，Maya 给出了 3 个功能，分别为按层次和组选择、按对象类型选择、按组件类型选择。

按层次和组选择激活时，只能选择对象物体或者整个组，不能选择物体点线面层级。

按对象类型选择激活时，选择当前对象，同时可以选择对象物体的点线面层级。

按组件类型选择激活时，选择对象物体的点线面层级。对象模式与层级模式间按 F8 切换。

"捕捉"：Maya 提供对象和组元素的各种捕捉功能。

位移状态下，选择物体或者各层级，按住 X，自动吸附到栅格交点。

位移状态下，选择物体的点层级，按住 C，自动在该点的 XYZ 轴向上吸附。

位移状态下，选择物体的点层级，按住 V，自动在其他点上吸附。

位移状态下，选择物体或者各层级，激活，自动吸附在其投影中心。

位移状态下，选择物体或者各层级，激活，自动吸附在视图中心。

位移状态下，选择物体或者各层级，激活，自动吸附在曲面上。

"对称选择"：Maya 提供对象、世界和拓扑模式的 XYZ 对称选择功能。

"渲染"：Maya 提供与渲染有关的快捷通道，方便用户渲染。

打开渲染视图；渲染当前帧；进行 IPR 实时渲染；打开渲染设置；打开 HyperShade 窗口；打开渲染设置窗口；打开灯光编辑器。

"账户登录"：登录个人账户或者购买其他相关产品。

"建模工具包"：Maya 提供与建模有关的工具，包括三层级的切换。

"角色控制"：Maya 提供骨骼设置与绑定套件，功能类似 Advanced Skeleton 插件，方便用户对角色骨骼进行设置。

"属性编辑器"：显示物体内部节点的属性，包括物体形状属性、内部属性、初始材质组、材质球等信息。

"通道盒/层编辑器"：显示物体基本信息，包括物体名称、位置、旋转、大小、可见性等。显示创建层的相关信息。

4. 工具架

Maya 提供各模块对应的常用工具及自定义项目的通道。我们可以在一个命令上通过 Ctrl+Shift+ 鼠标左键点击，将其放置上工具架空白处。或者通过右击该图标选择删除来清除该项。同时，自定义通道可以把我们平时用的工具集合到此处，方便日后操作，如图 1-1-9 所示。

图 1-1-9

5. 工具盒

工具盒包括 Maya 操作中最常用的几个按钮，分别为选择 Q、套索工具、绘制选择工具、位移 W、旋转 E、缩放 R。其中套索工具可以在物体的三层级上任意拖出选择区域，绘制选择工具可以在三层级下创建画笔，并调整画笔范围来整体选择，如图 1-1-10 所示。

6. 快捷布局

快捷布局提供窗口布局的快速切换，包括透视图、四视图、面板视图、大纲视图。除了这 4 个视图外，还可以通过切换工作区来创建更多视图布局，例如动画工作区的动画曲线图表、渲染窗口的渲染设置、灯光编辑器等等，如图 1-1-11 所示。

图 1-1-10

图 1-1-11

7. 时间条

时间条又叫时间滑块，是动画模块用来创建 K 关键帧和检查动作的时间轴，包括当前时间和播放等按钮，它主要与时间范围滑块结合使用，如图 1-1-12 所示。

图 1-1-12

8. 范围条

范围条是调节时间条显示范围的工具，包括设置播放结束时间、设置动画结束时间、角色集编辑器、动画层、每秒帧数、循环播放、自动关键帧切换、动画首选项。其中动画首选项也是 Maya 工具首选项，可设置所有常用模块的属性设置，如图 1-1-13 所示。

图 1-1-13

9.命令行

命令行包括两个部分，一个是左侧区域，用于输入命令，一个是右侧区域，用于显示当前操作所使用的命令。在左侧区域中，通过输入 Maya 自身的 MEL 语言创建命令可以起到扩展 Maya 操作功能的作用。而右侧的区域则会显示 Maya 执行命令的结果以及相关信息，在运行一个命令或打开某个物体时出错，命令行会显示红色字体的提示信息，包括脚本编辑器，如图 1-1-14 所示。

图 1-1-14

10.帮助行

帮助行是正在执行中命令的相关使用帮助信息的提示，如图 1-1-15 所示。

图 1-1-15

11.通道栏

通道栏是建模工具包、角色控制、属性编辑器、工具设置、通道盒/层编辑器，也就是状态栏右边的 5 个快捷图标的显示窗口，提供相关工具的编辑修改，如图 1-1-16 所示。

图 1-1-16

12.工作区

工作区是 Maya 工作的主要视窗，所有物体都在该区域显示，无论视图布局如何切换，工作区是永远不变的。

13.视图菜单

视图菜单是为方便用户快速查看对象外在属性的快捷通道。包括视图、着色、照明、显示、渲染器、面板以及下方的常用快捷工具图标,如图1-1-17所示。

图1-1-17

14.层编辑器

层编辑器是Maya用于给多个物体创建层来便于管理的工具。包括显示层和动画层。显示层可以快速的选择、隐藏对象,用于设置对象在场景中的显示方式。动画层用于管理新的关键帧动画,也可以在原有的动画基础上增加关键帧而不影响原有的动画曲线,如图1-1-18所示。

图1-1-18

15.官网链接 M

官网链接是用户快速打开Maya官网的通道,地址为https://www.autodesk.com.cn/products/maya/overview

F1帮助是快速打开Maya帮助网页的通道,地址为https://help.autodesk.com/view/MAYAUL/2022/CHS/

1.1.2 视图面板

1.视图操作

Maya的视图操作非常便捷,通过Alt+鼠标左键、鼠标中键、鼠标右键即可完成视图的旋转、平移、缩放等操作。

Alt+鼠标左键(按住移动):任意方向旋转视图。

Shift+Alt+鼠标左键(按住移动):单轴向旋转视图。

Alt+鼠标中键(按住移动):任意方向移动视图。

Shift+Alt+鼠标中键(按住移动):单轴向移动视图。

Alt+鼠标右键(按住移动)/拖动鼠标滚轮:放大或缩小视图。

Ctrl+Alt+鼠标左键(向下拖动):放大框选范围。

Ctrl+Alt+鼠标左键(向上拖动):缩小框选范围。

"["为上一次摄像机视图，"]"为下一次摄像机视图。

"F"（选中对象状态）：最大化聚焦当前选择。

"A"（两个以上物体）：显示全部对象。

Shift+A（四视图或多视图）：所有视图显示全部对象。

> 除旋转操作外的其他操作方式同样适用于其他非空间视图窗口，如Hypergraph、Hypershade、Graph Editor、Render View等。

2.视图切换

Maya的视图切换也非常便捷，它提供了空格键和标记菜单（热盒）两种切换方式。

空格键+鼠标悬停视图：四视图切换到需要的视图。

例如：默认视图为"透视图"，我们可以按一下空格键或者快捷布局中的四视图，然后光标移动到顶视图中按一下空格，这样就切换到顶视图了，如图1-1-19所示。

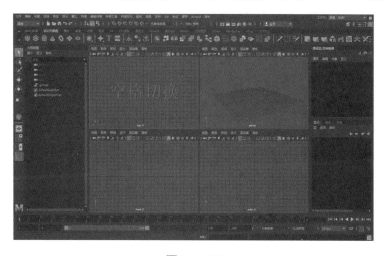

图1-1-19

空格键（按住）+鼠标左键（按住）=标记菜单（热盒），如图1-1-20所示，可选择需要的视图。注意，在快捷菜单里可选择后视图、仰视图、右视图。

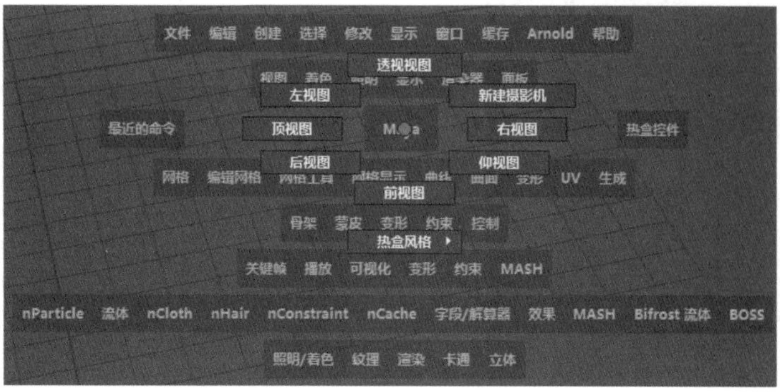

图1-1-20

3.视图面板

视图面板是视图操作过程中比较常用的菜单,如图1-1-21所示。包括透视、立体、正交、沿选定对象观看、面板、Hypergraph面板、布局、保存的布局、撕下、撕下副本、面板编辑器。这些命令都与视图的调整有关,其中一些经常会用到。

"透视":切换到Perspective视图或者新建当前Persp视图。

"立体":创建立体摄影机视图。

"正交":切换到Front、Top、Side视图或者新建该视图。

"沿选定对象观看":在创建了摄影机或者灯光等对象时,可沿摄影机或者灯光的视角来观看物体的位置,方便调整。

"面板":切换到Maya各模块面板窗口。注意:一般情况下不用该功能,因为这些模块面板是辅助主要工作区而单独存在的,只有在需要专门调整某一属性时才会用到。

"Hypergraph面板":创建Hypergraph面板,新建该面板层次或者新建该面板输入和输出链接,具体用于Hypergraph的节点链接设置。

"布局":提供8种视图布局,"["和"]"为回到上一次或下一次视图布局。一般情况下用不到该命令。

"保存的布局":Maya预设的各种模块视图布局方式,适用于不同工作需要。

"撕下":将当前视图截图取下。

"撕下副本":将当前视图作为副本截图取下。

"面板编辑器":删除,新建或者重新布局某个视图面板。

4.视图渲染器

Maya的视图渲染器是渲染当前视图的工具,如图1-1-22所示。当前工作区里显示的物体是通过视图渲染器渲染后得到的结果。值得注意的是在Maya 2017的渲染器选项里有Viewport 2.0、旧版默认视口、旧版高质量视口3种,后两种分别配合Fur等插件的创建显示使用。Maya 2022中将其删除,只保留了Viewport 2.0。关于该渲染器的具体功能,可以在"帮助"—"有关硬件渲染器2.0设置"的"帮助"里面查看。

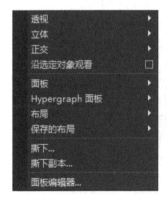

图1-1-21

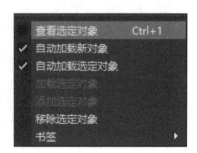

图1-1-22

5.显示操作

Maya在物体显示方式上设置了数字键"1"低质量显示、"2"细分显示、"3"平滑显示、"4"线框显示、"5"实体显示、"6"纹理显示、"7"光照显示。在后面的章节中会讲到这些显示功能的作用。

6.视图显示

视图显示中可以将同一类型的对象隐藏,方便调整。包括隔离选择、全部、无、播放预览显示,如图1-1-23所示。

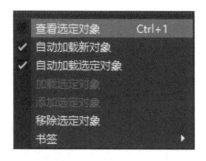

图 1-1-23

"隔离选择":将对象的内部属性(点、线、面、NURBS控制点等)进行隔离显示,并且不影响最终渲染。例如一个球体的边,我们需要只查看选中的边的部分,可以在"显示"—"隔离选择"—"查看选定对象"处,或者Ctrl+1操作。

通过"书签"命令,可以记录当前隔离状态,方便后面快速调出查看。

"全部":显示全部元素。默认状态下方的所有元素是勾选的,如果需要隐藏哪个元素,可以将勾选取消。

"无":隐藏全部元素。

"播放预览显示":在"窗口"—"播放预览"中隐藏所要的元素。

> 选择隐藏:当我们需要单独隐藏某个对象时,可以选中物体后Ctrl+H隐藏对象,或者执行"显示"—"隐藏"—"隐藏当前选择"。
>
> 显示对象:当我们需要单独显示某个对象时,可以在大纲视图里选中物体后Shift+H显示对象,或者执行"显示"—"显示"—"显示当前选择"。

7.视图照明

视图照明可以控制对象在视图中的照明方式,用来观察物体在不同灯光下的纹理情况,包括使用默认照明、使用所有灯光、使用选定灯光、使用平面照明、不使用灯光、双面照明、阴影,如图1-1-24所示。

"默认照明"与"平面照明"的区别在于前者是有衰减的灯光,可产生类似光线过渡的效果,而后者是灯光完全照明物体,没有过渡,通常用于检查材质。

图 1-1-24

"使用所有灯光"：使用场景中的所有灯光照明物体，前提是场景中创建了灯光，否则物体是黑色的，通常用于检查渲染。

"使用选定灯光"：使用场景中被选中的灯光照明物体。

"不使用灯光"：所有对象显示纯黑色，通常用于查看物体外型。

"双面照明"：物体内部也被照明。默认为取消状态，如图 1-1-25 所示。

【默认照明】　　　【双面照明】　　　【所有灯光照明】　　　【选定灯光照明】　　　【不使用灯光照明】　　　【双面照明】

图 1-1-25

8. 视图着色

Maya 设置了多种物体显示方式，根据不同的工作环节来调整显示方式可以使操作变得更加流畅，如图 1-1-26 所示。

图 1-1-26

"线框"：网格方式显示物体，透明状态下显示物体所有线框。

"对所有项目进行平滑着色处理"：实体平滑方式显示物体，Maya 的默认显示模式。

"对选定项目进行平滑着色处理"：实体平滑方式显示选定物体。

"对所有项目进行平面着色"：实体平面照明方式显示物体，可以显示物体的面与边界。

"对选定项目进行平面着色"：实体平面照明方式显示选定物体。

"边界框"：边界框方式显示物体。边界框是包裹物体的立方体线框。

"使用默认材质"：物体默认材质球的方式显示物体，勾选后看不到颜色贴图等纹理信息。

"着色对象上的线框"：实体加线框方式显示物体，勾选后可看到物体线框。

"X 射线显示"：半透明方式显示物体，多用于骨骼绑定等动画流程。

"X 射线显示关节"：设置骨骼始终前端显示。

"X 射线显示活动组件"：被选对象元素始终前端显示。

"背面消隐"：物体背面透明，勾选则不显示物体内表面。

"平滑线框"：用于面数较多复杂物体的线框进行加速显示，简单物体勾选时减慢显示，仅用于线框模式。

"硬件纹理"：显示材质球的纹理贴图，相当于数字"6"纹理显示。

"硬件雾"：用于场景中灯光衰减或者粒子模拟雾气时的摄影机效果。

9. 视图

Maya 视图面板的大部分功能与摄影机有关，如图 1-1-27 所示。可以说，2022 版本的视图面板中的功能在其他面板中都能找到，之所以这样设计是为了方便操作。

图 1-1-27

"选择摄像机"：在大纲视图选择当前视角的摄像机。

"锁定摄像机"：锁定当前视角。

"从视图创建摄像机"：在大纲视图中创建Persp1。

"在摄像机视图中间循环切换"：在自定义摄像机之间切换，如果没有自定义则默认在四视图间来回切换。

"撤销视图更改"：取消最近的视口更改，然后移回视图历史。

"重做视图更改"：取消先前的"撤销视图更改"命令。

"默认视图"：取消之前的视口更改并还原回默认视图。

"沿轴查看"：当前摄像机在选定的轴向查看物体。

"注视当前选择"：选择此选项以便摄影机移动时在摄影机视图的中心位置显示选定的对象。

"当前选择的中心视图"：将显示物体移动到视图的中心。

"框显全部"：最大化显示对象，快捷键"A"。

"框显当前选择"：在有多个物体时，最大化显示被选择对象，快捷键"F"。

"框显当前选择（包含子对象）"：在有多个物体，并且成父子级关系时，选择父对象，会最大化显示父子所有对象。

"将摄影机与多边形对齐"：摄影机的视图位置垂直对齐于选定多边形对象的法线方向。

"预定义书签"：在 Maya 中预定义的摄影机视图之间切换。

"书签"：创建书签以保存当前的摄影机视图。选择"书签"—"编辑书签"打开书签编辑器，可以在其中创建、编辑和删除当前书签。

"摄影机设置"：调整摄影机设置。与面板菜单设置对应。

"摄影机属性编辑器"：打开摄影机属性编辑器。

"摄影机工具"：从各种摄影机工具中选择。

"图像平面"：在对应视图内导入图片。

"查看序列时间"：如果您在有多个面板的布局中使用"摄影机序列器"，使用该菜单项可以设定面板是从"摄影机序列器"还是从自身显示活动摄影机视图。

> 具体每一个命令的含义可参考"Maya帮助"。
> https://help.autodesk.com/view/MAYAUL/2022/CHS/

1.2　Maya 相关注意事项说明

（1）Maya安装问题。Maya不识别中文字符，所以凡是涉及诸如安装地址、文件命名等操作都不能出现中文。Win 10用户需要先将Windows Defender关闭，同时退出如360安全卫士等第三方软件。

（2）Maya工具出错时，有两种恢复方式：

①打开时间轴右边的动画首选项，或者是窗口—设置/首选项—首选项，在首选项菜单栏选择编辑—还原默认设置。

②在我的文档中找到Maya，先备份该文件夹，再删除里面的所有文件，这样Maya就自动恢复到初始状态了。

需要注意的是在第一种办法无效的情况下再执行第二种。

（3）Maya某个菜单消失时，可以打开窗口—设置/首选项—插件管理器，在插件管理器（Plugin Manager）中选择对应的插件即可。

（4）重装问题。凡是需要进行软件重装的电脑，都需要注意2点：

①卸载。Win 7系统的用户可以在"开始"—"所有程序"—"Uninstall Tool"（图1-2-1），或者"控制面板"—"程序和功能"—"Autodesk Maya 2022"（图1-2-2）处操作。Win 10系统的用户在开始菜单里没有单独的卸载功能，需要在控制面板的应用程序里进行卸载。同时，附带的如Arnold for Maya 2022、Bifrost for Maya 2022也需要卸载。

②注册表清理。卸载后会有注册表残留，可以使用如360安全卫士等第三方软件进行注册表项的清理。

图1-2-1 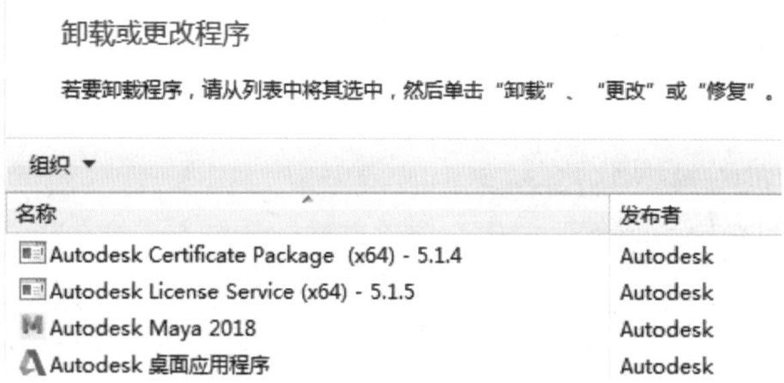　　　　　　　　　　　　　　图1-2-2

第2章 基本操作

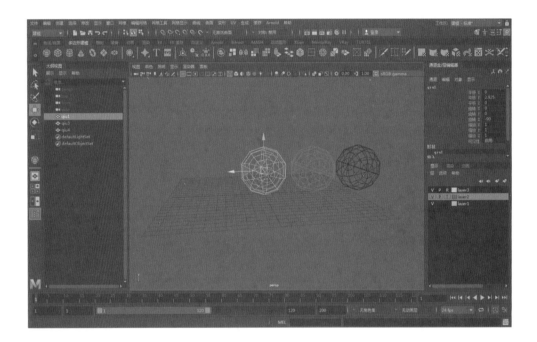

2.1　常用工具介绍

每一款软件都有它的操作特性，Maya也不例外。我们在学习一款软件之前需要先了解它的一些基本操作，这样在后续的制作环节才能游刃有余。

首先，基本体的创建。Maya菜单栏的"创建"打开后选择第2项"多边形基本体"，点击后会出现另一行，就是要创建的基本体名称。将最下面分割符号里的交互式创建（Interactive Creation）项前面打钩，如图2-1-1所示。这样我们再创建时不会直接弹出基本体，而是需要手动拖拽。同时，如果需要创建规整的形状，如球体、立方体，需要按住"Shift"键拖拽。我们也可以在工具架找到对应的基本体创建。除此以外，还有一种快捷的操作方式，我们俗称为"热盒"，它和以后的操作习惯跟效率都有很大的关系。视图里按着Shift+鼠标右键不动，会弹出一串的命令，如图2-1-2所示。光标保持按住移动到"热盒"菜单中对应的基本体上即创建了该物体，初学者一般用不到这个操作，而从业者在形成自己的工作流程后就会自然地使用它。

图2-1-1

图2-1-2

下面我们来看一下Maya提供了哪些基本体，如图2-1-3所示。

图2-1-3

PloySubstancePainterhere创建球体（常用）；

PloyCube创建立方体（最常用）；

PloyCylinder 创建圆柱体（常用）；

PloyCone 创建圆锥；

PolyTorus 创建圆环；

PolyPlane 创建面片；

PloyDisk 创建圆形面片（新增）；

PloyPlatonic 创建柏拉图多面体（新增）；

PloySupershape 创建超形体（新增）。

2.1.1　工具盒

以上物体基本包含了现实世界中所有物体的原始形态，换句话说，所有的模型都能通过这些基本体展开。下面我们创建一个球体，来看一下工具盒中常用的 4 个快捷键"W""E""R""Q"，如图 2-1-4 所示。

移动 W：单击一个轴向拖动，是单轴向位移，按住中间黄色方框拖动则是任意方向位移。

旋转 E：单击一个轴向拖动，是单轴向旋转，按住外侧黄色圆环拖动则是任意方向旋转。

缩放 R：单击一个轴向拖动，是单轴向缩放，按住中间黄色方块拖动则是整体缩放。

选择 Q：在使用完其他工具后，按 Q 键回到选择状态。

移动会出现 X Y Z 三个轴向，就像现实世界一样，我们都生活在三维空间，有上面，下面，左右前后。

绿色的箭头代表 Y 轴向；红色的箭头代表 X 轴向；蓝色的则代表了 Z 轴向。想要移动你所想的位置，就选择这个轴向拖动。缩放，旋转也是一样。另外，键盘上的"+/-"号是放大和缩小当前工具的大小，如图 2-1-5 所示。

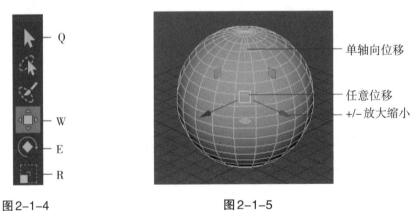

图 2-1-4　　　　　　　　　　　图 2-1-5

工具盒中剩下的两个分别是"套索工具"和"绘制选择工具"，它们都是一种快速选择工具，在针对物体层级中不规则部分的选择时能够快速地选择。

"套索工具" 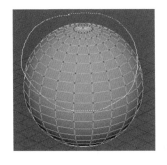：在所选对象周围绘制自由形式的形状来选择对象和组件。操作方式：在对应的层级下（点、线、面），按住鼠标左键拖拽出一个闭合区域即可。例如：右击当前球体，在弹出的热盒中选择"顶点"层级，我们就进入了点的层级，使用套索工具在球体上画出一个闭合区域，这样区域内的点就被选中了，同理其他层级或者物体都是如此，如图2-1-6所示。

"绘制选择工具" ：使用画笔在对应层级下绘制出选择的区域。简单说就是在"点、线、面"层级下，画笔画到的地方就被选中了，而画笔的范围可以使用"B"键调节，多选的区域按住"Ctrl"键减选。例如：进入球体的"面"层级，打开绘制选择工具，弹出一个画笔工具，我们在球体上画出的部分对应的面就被选中了。这时，如果需要调节画笔范围，按住B键和鼠标左键左右拖动，红色圈就是画笔的范围，如图2-1-7所示。同时，如果我们不小心多画了一些面，可以按住Ctrl键来取消这些面。

图 2-1-6

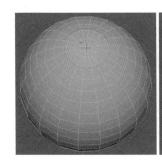

图 2-1-7

"聚焦"：有时候物体忽然消失不见，可能是太大太小或者移动太远，这时可以先在大纲视图选择该物体，然后按下F，物体就出现了。这是一个快速聚焦到当前物体视角的功能。

2.1.2　通道盒

"通道盒（channel box）"，是编辑对象属性最快、最高效的主要工具。它允许使用者快速更改属性值，在可设置关键帧的属性上设置关键帧，锁定或解除锁定属性以及创建属性的表达式。可以在界面右上角最0右边的层状图标打开 ，或者选择"窗口"—"UI元素"—"通道盒/层编辑器"，如图2-1-8所示。

"对象名称"：当前物体的名称，可以双击重命名，同时大纲视图中的对应物体名称也改变了。

"平移X"：移动X轴向。

"平移Y"：移动Y轴向。

"平移Z"：移动Z轴向。

图 2-1-8

"旋转 X"：旋转 X 轴向。

"旋转 Y"：旋转 Y 轴向。

"旋转 Z"：旋转 Z 轴向。

"缩放 X"：向 X 轴向缩放拉伸。

"缩放 Y"：向 Y 轴向缩放拉伸。

"缩放 Z"：向 Z 轴向缩放拉伸。

"可见性"：隐藏显示物体，ON 代表显示，快捷键 Shift+H；OFF 代表隐藏，快捷键 Ctrl+H；常用数字 0–1 来操作。0 就是隐藏，1 就是显示。

注意：在隐藏物体后，大纲视图里的对象图标会变成灰色  qiu1。

"形状"：列出定义对象的几何体的节点的名称，可以双击重命名。

"输入"：列出定义对象的内在属性和细分段数。

那么，通道盒究竟是做什么用的呢？我们还是以当前球体为例，当按一下 W 键，再按一下 4 线框模式后，可以看到当前球体并不在世界坐标的中心。当我们单独移动 X 轴时，平移 X 的数值发生变化，其他轴向同理。这样我们就知道可以通过设置参数来确定球体的位置，现在我们在"平移 X"和"平移 Z"输入 0，球体就在世界坐标的中心了。如果我想让球体的顶面旋转到与我们正对的视角，在"旋转 Z"输入 –90，它就转过来了。如果想改变当前球体的名称，只要双击平移 X 上方的"PSubstancePainterhere1"，重命名为"qiu1"即可，这样在大纲视图中的物体名称也变为"qiu1"了，如图 2–1–9 所示。

图 2–1–9

另外，形状一栏的名称和输入下方的名称是与属性编辑器当中的 Transform（变形）、Mesh（网格）和 PolySphere（物体内部属性）的名称相对应。我们在重命名它们的时候，属性编辑器中的名称也改变了。

最后，我们来看一下内部属性。半径为球体的内在属性（其他基本体有其他的属性），我们可以设置为 3。轴向细分数和高度细分数为球体的网格段数，默认为 20，表示它的经度和纬度分别有 20 个格子（四边形）。现在我们设置其为 10，如图 2–1–10 所示，就会得到如图 2–1–11 所示的模型。

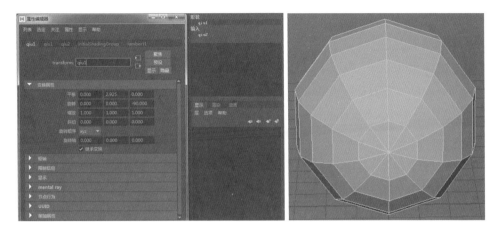

图 2-1-10   图 2-1-11

2.1.3 层编辑器

（1）"层编辑器"，包括显示、渲染和动画层编辑器,可用于组织场景中的对象，以便同时显示、隐藏或编辑这些对象。它类似Photoshop的图层概念，即将不同物体放入不同的图层来显示和隐藏，如图2-1-12所示。

图2-1-12

"层编辑器（Layer Editor）"：点开"层"后弹出此菜单。

"创建空层(Create Empty Layer)"：根据下拉列表中的选择，使用默认名称（如 layer1）创建新显示层。

"从选定对象创建层(Create Layer from Selected)"：使用选定对象创建显示层。

"选择选定层中的对象(Select Objects in Selected Layers)"：选择选定层中包含的对象。

"从选定层中移除选定对象(Remove Selected Objects from Selected Layers)"：从选定层中移除所有对象，然后将它们指定给默认层。选定层将变为空层，这样就可以指定其他对象。注意不能使用Delete直接删除。

"成员身份(Membership)"：打开"关系编辑器"(Relationship Editor)以从层中移除对象或将对象添加到层中。

"属性(Attributes)"：为选定层打开"属性编辑器"(Attribute Editor)。"属性编辑器"(Attribute Editor)中的某些属性不能通过"编辑层"(Edit Layer)窗口使用。

"删除选定层(Delete Selected Layers)"：将所选层删除。

"设置所有层(Set All Layers)"/"设置选定层(Set Selected Layers)"/"仅设置选定层(Set Only Selected Layers)"：可以设置所有层或选定层的特性。设置选定层的特性时，可以指定未选定的层是否将受到影响。

可以设置下列特性：

可见/不可见(Visible/Invisible)；

正常/模板/引用(Normal/Template/Reference)；

可见播放/不可见播放(Visible Playback/Invisible Playback)（仅适用于 Viewport 2.0）；

全部细节/边界框(Full Detail/Bounding Box)；

着色/未经着色(Shaded/Unshaded)；

带纹理/未上纹理(Textured/Untextured)；

启用播放/禁用播放(Playback On/Playback Off)；

在"显示层"(Display layer)上单击鼠标右键时，也会出现上面的层设置菜单项。

"按字母顺序对层排序(Sort Layers Alphabetically)"：按名称对层排序。

"按时间顺序对层排序(Sort Layers Chronologically)"：按创建时间对层排序。

（2）显示层编辑器(Display Layer Editor)的"名称"。

例如，选择球体后执行"从选定对象创建层"，面板中弹出 layer1 图层，如果我们 Ctrl+D 复制一份，再执行该命令，则会弹出 layer2 图层。弹出 layer3 图层同理。我们看到有 V、P 和空白的标识，点击第三个空白格，还会弹出 R 或 T，它们分别代表了什么意思呢？

"V"：显示或隐藏层。

"P"：框中的"P"表示在播放期间该层是可见的。关闭"P"以在播放期间隐藏该层。

"T"：表示层中的对象已模板化：它们显示在线框中且不可选。"R"表示层中的对象已锁定：它们不可选，但保持当前的显示模式。空框表示层中的对象正常并可供选择，如图 2-1-13 所示。

图 2-1-13

同时，在图层上方的向上和向下蓝色箭头表示图层顺序的上下移动，加号为新建一个空图层（没有对象），圆点为"为指定对象创建层"（选中物体后创建）。

我们还可以给图层内的模型改变颜色，而 T（模板化）显示灰色，R（锁定）显示黑色，如图 2-1-14 所示。

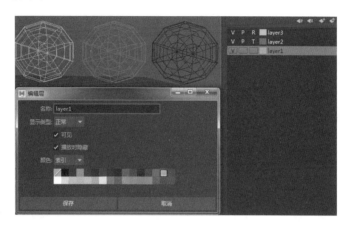

图 2-1-14

2.1.4　属性编辑器

"属性编辑器(Attribute Editor)"将列出选定对象的属性。使用位于"属性编辑器"顶部的选项卡可以选择连接到所显示节点的节点。通道盒提供了可设置关键帧的动画属性的更精简视图，而属性编辑器则提供了完整的图形控件，不仅可以用来编辑文本框，而且还可以编辑属性，如图 2-1-15 所示。

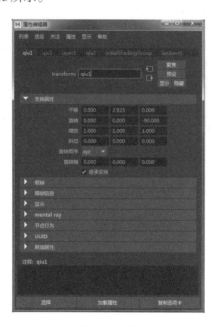

图 2-1-15

打开属性编辑器的方式有多种：

（1）点击"窗口"—"常规编辑器"—"属性编辑器"。

（2）点击"窗口"—"UI元素"—"属性编辑器"。

（3）点击"关键帧"—"属性编辑器"。

（4）点击"属性编辑器"图标 。

（5）按住 Ctrl+A（选中状态下）。

对于属性编辑器的菜单及功能，这里不做详细阐述，简单来说就是左边选项卡为物体的各种内在属性，包括位置、大小、显示效果、渲染效果、线框颜色等。中间选项卡为模型的历史记录，按类型删除历史后自动消失。

2.1.5　中心点位移及居中枢轴

对物体中心点的设置，可以使用D键或Insert键，在进行特殊复制或做动画时经常用到。例如，选中球体，按一下W，同时在线框模式下，我们按一下D键，这样位移手柄的中央会弹出一个圆环，此时就激活了"中心点位移"。我们将其移动到球体底部再按一下D，这样球体的中心点就跑到底部了，如图2-1-16所示。

对于物体中心点的恢复，有时我们在编辑模型的过程中会出现中心点的位移，这时可以通过"修改"—"居中枢轴"，快速地将中心点移回到物体的中心，我们可以用该命令将球体中心点复原，如图2-1-17所示。

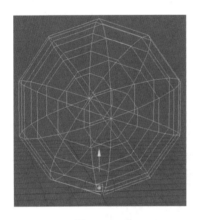

图2-1-16

图2-1-17

2.1.6　捕捉

在状态栏中有一系列捕捉功能 ，其中第一个"栅格捕捉"使用的频率很高，它可以快速地将中心点或者CV、顶点吸附到栅格交点，快捷键为按住X拖动，如图2-1-18所示。例如，轴对称物体的中线的点不在世界坐标中线位置时，我们可以激活此功能，选中这排点吸附到中线上。

第二个"曲线捕捉"使用频率不高,快捷键为按住 C 拖动。它可以将模型元素在单轴向上进行拖动并吸附到该轴向的某一段。

第三个"CV、顶点或轴捕捉"使用频率最高,快捷键为按住 V 拖动。它可以将模型 CV、顶点或轴吸附到需要的另外一个点上,如图 2-1-19 所示。例如,我们需要将球体顶部的一个点吸附到相邻的一个点上,此时按住 V 拖动,就可将之吸附到相邻点上。

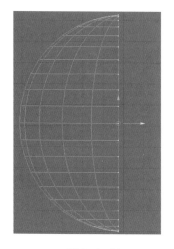
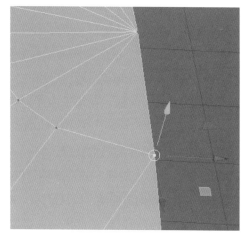

图 2-1-18   图 2-1-19

2.1.7 对称编辑

此功能在状态栏的对称功能处 ▼ 对称: 禁用 。当您启用对称时,所选的组件和网格另一侧上的组件会一同包含在选择之中,这样,您就可以对称执行基于选择的多边形建模操作。当前的"对称(Symmetry)"设置在工具之间保持不变。

我们点开对称功能的下拉菜单时,发现有"对象/世界"的 XYZ 轴选择,那么该如何选择呢?例如,当前球体的 X 轴正对我们,看一下左下角的世界坐标,我们看到水平方向是红色的 X 轴 ,那么我们就可以选择"对象 X"。这时,进入点层级,当我们选择左边的点时,右边的对称点也被自动选择上了,如图 2-1-20 所示。

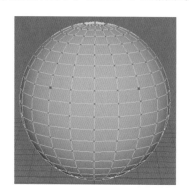

图 2-1-20

注意：使用对称编辑有一个条件，就是模型必须是完全左右对称的。如果不小心单独编辑了某一侧，导致两边不对称，那么对称编辑是无法使用的。

2.1.8 软选择

"软选择(Soft Selection)"是Maya提供的一种有机的选择顶点、边、面、UV甚至多个网格的方式。它有助于在模型上创建平滑的渐变或轮廓，而不必手动变换每个顶点。其工作原理是，从选定组件到选择区周围的其他组件保持一个衰减，来创建平滑过渡效果。例如，如果在平面中心选择一个顶点并向上平移来创建钉形，同时不使用"软选择"，其侧面就会非常陡峭，这个点也会非常明晰。启用"软选择"后，渐变和尖端会更加平滑。

软选择的快捷键是B。例如，在场景中创建一个平面，在输入中将细分宽度和细分高度设置为20。现在进入到点层级，选中中间的点按一下B键，即可看到周围变成渐变黄色，这里可以通过以下两种方法调整衰减区域：

（1）按B键并单击鼠标中键朝左或右拖动，以从0开始增大或减小衰减区域的大小。

（2）按住B键并向左或向右拖动，以从最后一个半径值调整衰减区域的大小，如图2-1-21所示。现在，我们按住B键和鼠标左键拖动，可以看到软选择的范围扩大了，这就是调节软选择范围的方法，同样适用于其他笔刷类工具。现在，我们向上位移，就能得到一个山峰状的形状了。然后再按一下B键取消软选择，如图2-1-22所示。

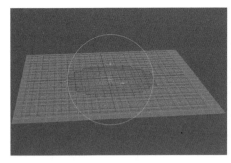

图2-1-21

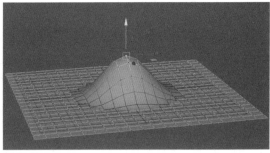

图2-1-22

注意：软选择和对称编辑也可以在选择属性面板（双击选择图标打开）中激活，如图2-1-23所示，我们在用好之后切记不要忘了关闭它。没有及时关闭会导致模型不按照我们预想的方向发展。

2.1.9 世界空间、对象空间和组件空间

Maya的轴向设定提供了三种模式——"世界空间""对象空间"和"组件空间"。

"世界空间"是整个场景的坐标系。它的原点位于场景的中心，视图窗口中的栅格显示了世界空间轴。

"对象空间"是来自对象视点的坐标系。对象空间的原点位于对象的枢轴点处，而且

其轴随对象旋转。

"组件空间"类似于对象空间，但是它使用对象层中对象父节点的原点和轴。当对象是变换组的一部分，而对象本身并未变换时，该方法非常有用。我们有两种方式打开：

（1）通过双击"移动工具"(选装、位移也行)，然后在显示的"工具设置"中的"轴方向"(Axis Orientation)菜单中更改设置，从而在空间（如世界空间和对象空间）之间切换，如图2-1-24所示。

图2-1-23

图2-1-24

（2）按住W键和鼠标左键，在弹出的热盒中进行切换。例如，创建一个球体，任意方向旋转。在线框模式下，我们看到默认轴向为世界空间，即XYZ轴与世界坐标轴保持一致，现在我们使用热盒切换到对象空间，这时可以看到XYZ轴与球体当前的轴向保持一致。如果这时进入到点层级下，选择左上角的一些点，使用热盒切换到组件空间，就可以看到XYZ轴与当前的点的整体切线方向保持一致，如图2-1-25所示。

总之，世界空间不会因为物体轴向变化而改变，对象空间会根据物体轴向变化而改变，组件空间以物体层级下所选点、线、面的单位轴向为空间轴向。我们在做模型的过程中是经常需要来回切换这三种空间的。

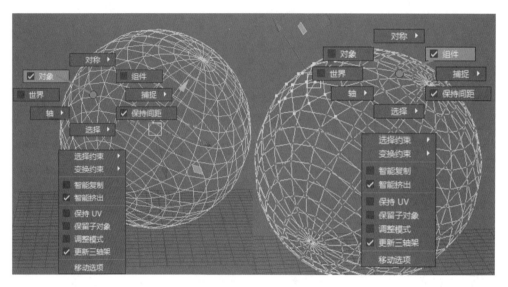

图 2-1-25

2.1.10 工具复位

在使用各种工具的过程中经常会遇到工具无法正常使用的情况，这时可以双击该图标或者打开工具后面的属性框▣，点击"工具设置"—"重置工具"，如图 2-1-26 所示。或者点击"编辑"—"重置设置"，如图 2-1-27 所示。

图 2-1-26

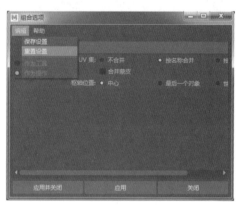

图 2-1-27

第3章 多边形建模（消防栓）

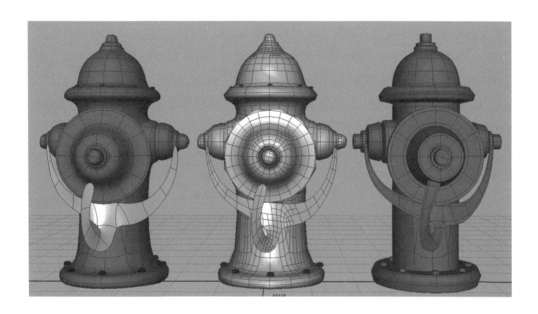

3.1 模型概念介绍

在讲建模流程之前，我们先来谈一谈什么是模型。

首先，介绍模型的概念。三维模型是物体的多边形表示，通常用计算机或者其他视频设备进行显示。显示的物体可以是现实世界的实体，也可以是虚构的物体。任何自然界存在的东西都可以用三维模型表示。这里的模型指的是计算机世界里的3D物体，不是现实中的实体。

其次，介绍模型的分类。从实用角度可分为：动画模型，游戏模型，场景素材，室内设计，卡通模型，电影特效模型以及工业设计模型等等。从模型精度的角度可分为：低模，高模，工业模型和高精度模型。从制作对象上可分为硬表面模型和生物类模型。再下一个层级可分为机械，生物，植物，工业，科幻，风景等。大体上来看，无论是低模也好高模也罢，都是我们大自然界和人类社会可见的实体，即使是有创造性的设计感很强的模型，也都是在此基础上改变创造出来的。所以，模型制作的是否真实可信，是有实物参照的。通过近年来的资料整理，笔者发现国外的游戏之所以耐玩有趣，在于模型的真实感塑造得很好。不像早年我国的游戏模型，往往制作粗糙，不耐看当然也就不好玩了。同样，在电影特效方面更是如此，美国人为了做好真实可信的特效模型，往往在电脑制作之前会先收集大量的资料用来研究，在研究过程中将脑海中的模型不断完善至令人信服的模样，这在我国过去的游戏行业里是不可能发生的。

三维模型的类别之所以如此庞大，是因为他们的用途广泛且具有实际的作用。工业设计需要用到大量的实体模型，从简单的产品如鼠标、键盘、音箱等塑料制品，到手机、电脑、电视机等电子产品，再到汽车、轮船、航天飞机等重工业实体。这些门类繁多的产品大多都是通过设计图纸到三维建模渲染出成品之后再投入到生产中去的，如图3-1-1所示。例如，在汽车制造业中，一辆普通家用车首先要经过设计稿的绘制，再进行上色加工成大致的外形，工程师会通过参考图纸在电脑中做出大概的三维形态，然后通过具体的工程设计图纸再为三维模型加工各种零件，通过反复的修改从而得到一个能与未来实体基本

图3-1-1

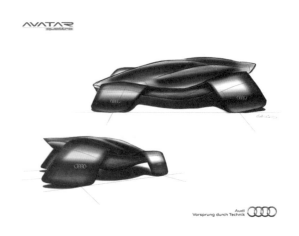

图3-1-2

对应的三维模型，如图3-1-2所示。

那么，在汽车制造业中，三维模型到底给整个制造过程带来了哪些便捷之处呢？首先，模型的所有部位都能够任意的修改。车体顶部是高了还是低了，轮胎的款式是否能更换，车门把手的位置是否太靠前了等等，这些具体细致的修改都能在模型阶段进行调整。如此便利的设计条件不仅使得工业制造更加精确，而且还大大加快了工厂的生产速度，降低了成本。可以说，模型设计是工业制造前期准备工作的灵魂。汽车制造业是如此，其他的制造行业也是如此，比如现在流行的平板手机，他的外形设计就是通过犀牛（Rhino 3D NURBS）等软件制作成品渲染图来查看最终效果的。虽然效果图和最终实体会有一定的差距，但是随着三维渲染技术的不断发展，现在的效果图已经近乎成品了。值得一提的是，我们现在看到的一些电视广告中，有许多产品的介绍镜头不是实物拍摄而是三维模型，它们早已达到以假乱真的境界。

三维模型除了能够制作工业制品之外，还有一项更重要的用途，就是能将想象中的实物制作出来。例如，一个毛坯房要装修成主人想要的居住条件，通过3D Studio Max的设计能将一切条件变成现实。在这些条件中（地板、衣柜、墙纸颜色、地砖、吊顶……）任何一种搭配的更换都会影响最终装修效果，而通过软件模拟能实现这些条件。现在，许多的大型体育场馆建设（图3-1-3），城市基础建设中也大量运用三维软件模拟设计最终效果，这在过去的建造史上是不可能出现的。有一些科学家认为，未来三维模拟设计会改变我们的生活方式，在英国科幻连续剧《黑镜》（*Black Mirror*）中，主人公生活在100年后，发生了一些与科技有强烈冲突的小故事。而场景中出现的超薄型手机，电池型轿车，有弧度的平板数码拷贝台等等在现今已经产生了。笔者相信100年后，科幻电影中的许多高科技将会普及到大众的日常生活中。而追溯其源头，相当大的功劳应该归功于强大的三维模拟技术。

图 3-1-3

现代信息高度发达的社会，对于娱乐行业，尤其是游戏电影行业的分工也是十分明确的。从游戏方面来说，模型的精度主要由面数的多少来衡量。与此相对应的贴图要求也要适中。例如，次世代主机游戏模型面数为了能够达到更加真实的游戏体验，一个普通角色会达到15000面，如战锤40K游戏模型（图3-1-4）。网络游戏的模型面数相对要少许多，介于地图规模及角色种类，游戏引擎的负荷量不允许在超大的世界基础上加上高精度的模型，这样会使得游戏在测试阶段就跑不动，更不用说在普通玩家的电脑上运行了。不像Xbox和PlayStation这样具有专门处理图形GPU的游戏主机，硬件条件是限制模型精度的主要原因。当然，Unreal5的诞生将改写历史。家用型电脑硬件上的不断更新也会逐渐的改变这一情况，通过64位系统能允许最大128G内存（服务器）和24G显存（GTX3090ti）的诞生，相信能够运算相当大的诸如4K画质的游戏画面，这使得PC端游戏的画面能够超越游戏主机的画面。但是，此类硬件配置的使用范围很小，同时如此配置的电脑与其使用在游戏娱乐场景中还不如投入到科幻电影特效的制作上，如《阿凡达》ZBrush角色（图3-1-5）。由此可见，游戏模型的精度在受众范围上还是有一定要求的。

图 3-1-4

图 3-1-5

同时，模型在电视广告领域也有相当不错的表现。现在有许多概念性广告的镜头中需要用到大量的特效，比如流体。这类模型没有线框结构，而是通过粒子模拟。考虑到动画上的设置，流体必须要像水一样的流动，而线框模型只能做静帧的效果图。比利时的一个矿泉水广告中通过流体形成的各种交通工具很好的表现了演员与水的关系，如图3-1-6所示。

图 3-1-6

在表现对象真实感的过程中，Maya 或 3D Max 往往不能达到我们想要的真实效果。数字雕刻软件 ZBrush 完美地解决了这个问题，ZBrush 与一般的三维软件的不同之处在于它的网格并非面 (Polygon) 而是 Pixol 数据 (类似像素点)。这好比计算机在处理图像时不是计算一块块的面，而是计算一个个的像素点。模型在 ZBrush 中的实时画面相当于 Maya 中的一个截屏 (2.5D 概念)。所以，ZBrush 能细分到很大的状态，而通常情况下游戏动画模型的面数极高，这也是迎合了玩家对于画质的需要。动作方面不是通过简单的手动绑定调节动作，而是直接使用动态捕捉仪来模拟。所以，游戏动画的效果就变得自然了许多。但是，它和电影特效模型的要求相比还逊色一点。为了达到与现实近乎一致的效果，电影特效的模型要求是最高的。电影特效是通过实时拍摄和电脑特效的融合来完成的。有一些还要求在前期先制作出相对应的实体模型，通过一种合成的软泥涂抹在角色的脸上来塑造形状，然后再扫描到雕刻软件中进行加工。所以说，不同用途的模型，他们的面数要求是不一样的。

1. 多边形建模概念

在 Maya 软件的快捷通道栏内，我们可以看到这样三个图标。分别为曲线 / 曲面、多边形建模和雕刻，如图 3-1-7 所示。

图 3-1-7

其中曲线 / 曲面 (NURBS) 和多边形建模 (Polygon) 是三维软件的两个最主要的建模方式。早期版本有细分建模 (Subdivision)，现在已经融到建模的平滑选项中，如图 3-1-8 所示。而雕刻是在模型建好之后的再处理过程，功能有点像 ZBrush 的笔刷，但是它不会增加面数，是新版本的一大特色。

图 3-1-8

曲线建模 (NURBS) 是 Non-Uniform Rational B-Splines 的缩写，是 "非统一均分有理性 B 样条线" 的意思。简单地说，NURBS 就是专门做曲面物体的一种造型方法。NURBS 造型总是由曲线和曲面来定义的，所以要在NURBS表面里生成一条有棱角的边是很困难的。我们可以用它做出各种复杂的曲面造型来表现特殊的效果。如人的皮肤，面貌或流线型的跑车等。总之，曲线建模方式主要是为工业设计服务的，大凡涉及具有流线型的产品设计就会用到曲线建模。

多边形建模（Polygon）是使一个对象转化为可编辑的多边形对象，然后通过对该多边形对象的各种子对象进行编辑和修改来实现建模过程。如果说曲线建模的核心是样条线转化成面的话，多边形建模就是点、线、面的构成了。中学数学课本中立体几何概念里讲过的"两点之间构成直线，三点之间构成面"就是多边形建模的核心。目前，多边形建模的应用范围已经远远超过了曲线建模。无论是在游戏、影视特效还是动画、广告、栏目包装等方面，都是使用多边形建模的人数为多。这是因为从技术层面看，多边形建模的操作比较容易掌握，它的建模流程也通俗易懂，容易被大众接受。但是这并不代表曲线建模不实用了。在"Maya"—"修改"—"转化"菜单里（图3-1-9），有两者之间相互转化的功能。虽然实际操作中转化会产生许多错面，但这一点足以说明曲线和多边形之间的界限在逐渐消失。

图3-1-9

总之，无论是现在还是未来，多边形建模一直是三维模型领域的主流，随着版本的升级，它的功能会越来越强大。

· 多边形建模和曲面建模的英文名称是什么？

· 曲面建模应用在哪个领域？

· 多边形建模和曲面建模的区别有哪些，它们的核心技术分别是什么？

2. 多边形建模流程

每一种建模方式都有它固定的流程，多边形建模的流程主要是基本体展开。新版本在原来的球、正方体、圆柱体、锥体、圆环、面片的基础上增加了多边形圆盘、柏拉图多面体和超形体。考虑到未来的建模过程中会涉及大量类似形状的物体，所以Autodesk公司增加了这三个基本体。那么，基本体到对象之间的过程究竟是怎样的呢？笔者以一个图表为例，如图3-1-10所示：

图3-1-10

首先，基本体的选择。比如我们要做一个消防栓，脑海中就会出现它的一些基本信息：圆柱形的外观，铁、红色的漆、圆形接水口、阀瓣、栓帽等组件。那么，我们就要选择圆柱体来展开。然后，我们需要构思一下如何将圆柱体变成消防栓，在这个过程中需要制作哪些主要结构。最后，通过一系列多边形工具来编辑，逐步转化成我们的对象，如图 3-1-11 所示。

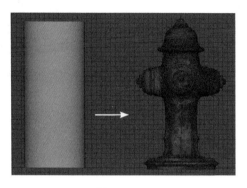

图 3-1-11

总的来说，在多边形建模流程中，以上的建模流程适用于所有物体。房子是正方体展开，人头是球体展开，汽车是正方体展开，轮胎方向盘是圆环展开，地面是面片展开等。可以说，基本体展开是多边形建模的灵魂。在以上的四个环节中。笔者认为，"构思"这个环节是最重要的。认真构思是建模工作者在做模型之前必须做的功课。因为基本体选择一看外观就能认出，编辑是考验你对建模工具的理解程度，对象是最终呈现的结果，而构思才是整个流程的关键。可以说，如何编辑对象，采用哪一种方法更便捷，是构思环节的重点。虽然最终结果相似，但过程千姿百态，可谓"殊途同归"。

那么，就让我们以一个消防栓为例来开启我们的建模之旅吧！

3.2 硬表面建模流程详解实例——消防栓

在具体讲解实例之前我们需要做一些准备工作。首先，工作区风格预设。在 Maya 窗口右上角有一个工作区选项，默认是 Maya 经典，如图 3-2-1 所示。我们可以切换成建模—标准，如图 3-2-2 所示。但其实变化并不大，仅仅是打开了建模工具包而已，笔者偏向于默认状态。需要说明的是 Maya 之所以添加这一功能是为了照顾不同人群而专门设计的，这样不同模块的工作者就可以根据需要来切换工作区了。

图 3-2-1   图 3-2-2

其次，首选项还原默认。在 Maya 窗口右下角有一个跑动的小人图标，点开后点击"编辑"—"还原默认设置"，如图 3-2-3 所示，这样就可以将所有选项还原默认状态。有时候我们发现某个工具出现异常时也可以这样操作。同样的操作也可在"窗口"—"设置\首选项"—"首选项",如图3-2-4所示。

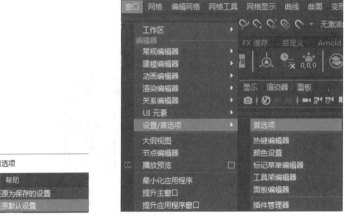

图3-2-3　　　　　　　　　　图3-2-4

然后,切换到建模模块和多边形建模快捷栏,如图3-2-5所示。在默认Maya经典工作区时,往往不会跳到这个模式,这时需要我们手动切换。

图3-2-5

最后,检查整个窗口是否"干净",即不需要的窗口尽量关闭。例如,有时会弹出大纲视图,我们可以点击左侧通道栏的大纲视图将其关闭。最终,我们的窗口应该是这样的,如图3-2-6所示:

图3-2-6

- 为什么在做模型前需要设置窗口和工作区？
- 某些工具出现异常时我们应该怎么操作？

3.2.1 工程目录设置

Maya 中提供了一种便捷的管理文件的方式，即工程目录。场景可能取决于不同位置中的多个资源，而工程目录可以跟踪与场景相关的文件。通过将它们存储在同一位置中，使用项目可管理与场景关联的所有文件。

在"文件"—"设置项目"中，我们可以把工程目录链接到指定位置。例如，我们在 D 盘新建一个 Homework 文件夹，里面再新建一个 xiaofangshuan（消防栓）文件夹，然后执行"设置项目"，在弹出的窗口（图 3-2-7）找到该地址点击"设置"，然后会弹出一个对话框（图 3-2-8），我们选择中间的"创建默认工作区"。这样在该文件夹中会出现"Workspace.mel"的文件，"Workspace.mel"文件是项目定义文件，包含使数据类型与指定的文件夹关联的 MEL 命令的列表。每次更新项目中的任何内容时都会覆盖它。现在我们执行"文件"—"项目窗口"，会自动弹出一个项目窗口（图 3-2-9），通过"项目窗口(Project Window)"，可以创建新 Maya 项目，设置项目文件的位置以及更改现有项目的名称和位置。这里由于我们已经有了 Workspace.mel，就直接链接上了。现在我们点击接受，就会在 xiaofangshuan 文件夹中创建出这些文件夹。

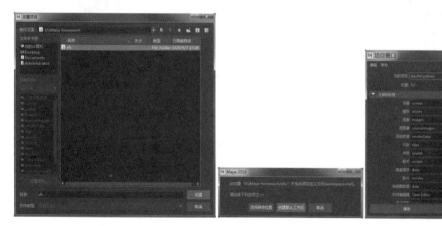

图 3-2-7   图 3-2-8   图 3-2-9

这些文件夹的用法如下。

"场景（scenes）"：用于保存源文件，包括 mb、ma、fbx、obj 等格式。

"图像（images）"：用于保存渲染的图片或 UV 图、颜色贴图、法线贴图等。

"源图像（sourceimages）"：用于保存参考图和纹理贴图。

"声音（sound）"：用于保存音频文件。

"脚本（script）"：用于保存分镜头或剧本。

"影片（movies）"：用于保存渲染出的视频或序列帧。

在这里我们主要使用场景、图像以及源图像文件夹。将参考图和纹理贴图放到源图像文件夹内。

3.2.2　导入图像

模型制作的前期准备工作是搜集各种素材。可以是图片或者实物，如图 3‑2‑10 所示，让对象在脑海中有一个大体的印象。例如，消防栓是生活中常见之物，我们对于它会有一个大致印象，但是不清楚它的每一个结构究竟如何，所以就需要选择一张合适的图片做参考，然后将其导入到 Maya 中来。

值得注意的是标准建模流程需要提供三视图，用来对应 Maya 中的前视图、顶视图和侧视图。而上网搜索很难找到一个标准的三视图，大多是带有一定角度的，所以找一个近似的正视图代替是可以的，如图 3‑2‑10 所示。

图 3‑2‑10　　　　　　　　　　　　　　　　　　图 3‑2‑11

经过对比可从上图中选择"图 3‑2‑11"来作为我们的参考。在导入前应确认是否需要在 Photoshop 中进行裁剪。打开 Maya，首先检查对应模块是否选择正确。模块选择建模，通道栏选择多边形建模。然后切换到正视图（Front‑Z）。

注意：在 Maya 中进行视图切换有两种方式。

（1）轻按空格键弹出四视图窗口后，鼠标移动到对应视图再按空格，如图 3‑2‑12 所示。

（2）按住空格键在弹出的标记菜单（热盒）中鼠标左键按住 Maya，在弹出的子菜单中选择对应视图，如图 3‑2‑13 所示。

然后，在菜单"视图"—"图像平面"—"导入图像"中选择该图。这样，这张图就导入到场景中来了。需要注意的是不要在透视图直接导入，那样模型和参考图就无法对齐了。返回透视图，选择该图按"R"键缩放至合适大小，按"W"键单轴向位移到图片底端与网格对齐位置。

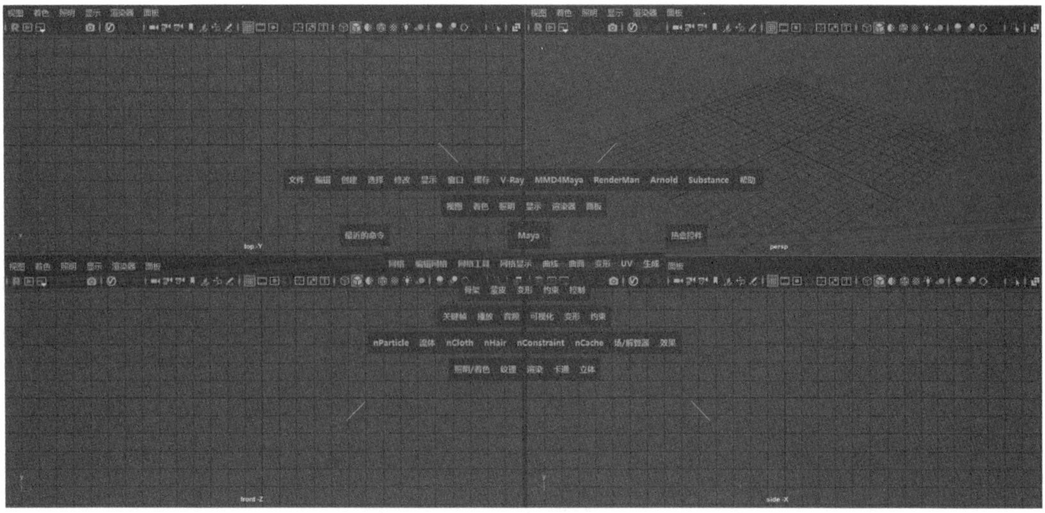

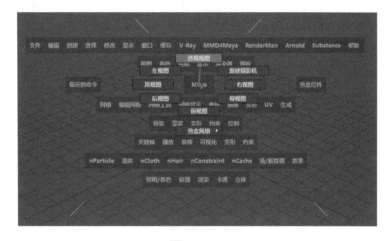

图3-2-12

图3-2-13

> Q、W、E、R分别为选择、位移、旋转、缩放的快捷键，都有X、Y、Z三个轴向。选择其中一个轴向拖动为单轴向操作，按住中间黄色方框拖动为自由移动，+和－为放大和缩小轴向。注意工具的轴向名称与工作区左下角的轴向符号保持一致。

现在可以创建图层后锁定。选择图片，在层编辑器栏选择"层"—"从选定对象创建层"。这样该图就被添加到图层1（Layer1）里面了，默认状态下为V、P、空白三个指示器。第一个V为可见性，单击后该图层消失。第二个P为可见播放，对于含有动画的模型，若取消P则看不到动画效果。第三个空白为显示类型，有空白（标准）、模板（T）和参考（R）三种模式。选择为R时，该图层被锁定；选择T时，模型对象显示虚线。后面还有一个斜杠框为颜色指定，如图3-2-14所示，单击后在色板选择合适的颜色来指定该图层。现在将第三个指示器设置为R，将该图层锁定。

图 3-2-14

Maya 中的层有3种类型，显示（Display）、渲染（Render）和动画（Anim）。显示层用于对象，可将不同类型的物体归类显示，分离开容易混淆的对象。渲染层用于将不同类型的对象分别渲染，然后再进行整合。动画层用于管理不同类型的关键帧动画，可以在不影响原有动画的基础上增加关键帧。

3.2.3　基本体创建与设置

打开菜单栏，勾选"创建"—"多边形基本体"—"交互式创建、完成时退出"，这样我们就可以在场景中自由创建任意的几何体了。我们可以在工具架（快速菜单栏）的多边形建模找到圆柱体进行创建。

在创建基本体时有两种方式，一种是按住 Shift，即可创建出一个规整的基本体。另一种是先拖动出一个平面，然后再向上拖拽出一个自由高度的基本体。例如，选择正方体工具时，先拖动一个平面再向上提则创建了该高度长方体，而按住 Shift 拖动则创建了规整的正方体。按照这样的方法，创建好一个扁平的圆柱体，如图 3-2-15 所示。这时物体所处位置并不在世界坐标的中心，需要在属性通道栏内将平移 X 轴和 Z 轴归零。注意：坐标轴归零是所有建模工作的第一步，这样做不仅能方便对称查看物体，更有助于物体与参考对象的对齐。调整该圆柱体的大小，使之与参考图底面对齐。

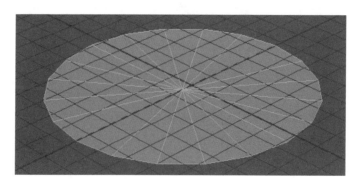

图3-2-15

模型段数

三维模型一般分成高模和低模，主要取决于面的数量，而模型初始段数又决定了未来的面数走向。创建好基本体后，在属性通道盒里点击"输入（Input）"就能看到该基本体的细分段数设置，如图3-2-16所示。这个选项的参数一般根据模型结构面的复杂程度或者是项目的面数要求来决定的。例如：如果我们将轴向细分数设置为10，则向上挤出的圆柱横截面为10段，这样模型的初始段数相较于默认的20就少了一半，如图3-2-17所示。

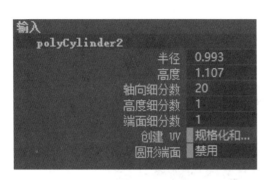

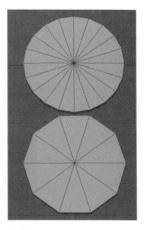

图3-2-16   图3-2-17

我们可以通过"显示"—"题头显示"—"多边形计数"（图3-2-18）来查看当前模型的面数。第一排数字为当前场景内所有模型的面数总和，第二排数字为当前选择模型的面数，可以看出左边模型面数为右边的两倍，如图3-2-19所示。在做游戏模型时，由于有面数要求，往往需要将初始段数设置在一个合理的区间。现在这个模型暂时保持默认段数即可。

顶点:	125	42	0
边:	258	100	0
面:	138	60	0
三角形:	216	80	0
UV:	189	84	0

图3-2-18   图3-2-19

3.2.4　层级关系

三维世界中物体内部的层级关系一般为点、线、面三层级，立体几何学定义下两点之间为一条线，三条线组成一个面。在三维软件中模型一般分为三角面和四边面。游戏动画行业早期阶段，游戏模型使用三角面，动画影视模型使用四边面。这是因为从视觉效果考虑出发，四边形建模使边缘更平滑，过渡更自然，所以影视动画用四边面。而从渲染速度出发，一个四边形就等于两个三角形的计算耗费，使渲染速度下降，使用三角面更有助于提高效率，所以游戏模型使用三角面。但是，随着渲染引擎的不断升级和硬件水平的提升，现在许多3A游戏也使用四边面了。总之，不论是三角面还是四边面，点线面三层级的关系是始终不变的。

在Maya中，我们可以通过将鼠标位移至对象后按住鼠标右键不放弹出一个快捷菜单，如图3-2-20所示。分别对应为对象模式、边、顶点、顶点面、面、多重、UV。在我们拖动到对应层级后就进入了该层级的编辑模式，想要跳回原层级则拖动到"对象模式"即可。

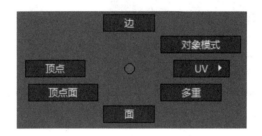

图3-2-20

"对象模式（Object Mode）"：物体初始模式，一般在进入层级进行操作后最终需要还原的模式，也是用于查看的模式。

"顶点（Vertex）"：多边形最基本的元素，也是确定模型形态的最基本元素，一般在模型形态出现问题时，通过调点来恢复。

"边（Edge）"：顶点之间的直线就是边，需要注意的是，NURBS模型的边是曲线，所以外轮廓是光滑的，而多边形为直线，所以外轮廓是棱角的。一般通过数字"1"初始模式和"3"平滑模式来切换查看。

"面（Face）"：3个或3个以上的点用直线连接而形成的封闭图形，一般为三角面（Triangles）和四边面（Quadrilaterals)。

"顶点面（Vertex and Face）"：是一种用于查看对象层级的模式，一般情况下在面与面分离状态下显示有一条线，即说明这两个面之间还存在一个面，需要处理。这是用来检查模型是否存在错面的查看模式。

"多重（Multi）"：是点线面的混合模式，在这个模式中可以任意选择顶点、线或者面，一般不用。

"UV"：包括UV和UV壳，UV是模型贴图层级的点模式；UV壳是模型贴图层级的整体模式，在UV纹理编辑器中对应使用。

"点、线、面"是多边形的基本组成元素，又称为组件。用户可通过修改这些组件来修改对象。值得注意的是，对象标记菜单的设置将"边"放在上方，"点"放在左侧，"面"放在下方是根据用户的操作频率来设置的，由于边的使用频率较高，所以将该组件放在了上面。

3.2.5　绘制选择工具

绘制选择工具位于左侧工具盒上的"绘制选择"。它是常用工具，一般用来选择数量较多的点和面。打开后会出现红色十字箭头和S符号，按住鼠标右键弹出层级面板，如图3-2-21所示，可选择面模式。按住"B"键和鼠标左键左右拖动用来调整选择的范围，如图3-2-22所示。凡是画到的区域就已经选择好了。我们在选择圆柱的顶面时可以按住Shift+鼠标左键依次加选该面，也可以使用绘制选择工具，在面模式下拖动选择。值得注意的是，还有一种更加便捷的方法——框选。我们可以先框选整个区域，然后再按住Shift键减选纵轴的面，通过框选加减选的方法快速选择。

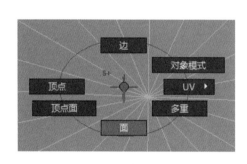
图3-2-21

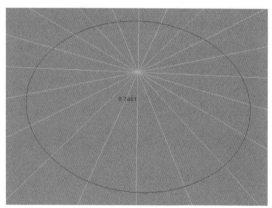
图3-2-22

3.2.6　挤出工具

挤出工具是多边形建模最常用的工具之一，它的功能是将一个面在原来的基础上再收缩放大或者增加一个面。在模块菜单组的"编辑网格"—"挤出"（图3-2-23），或者在建模工具架（见图3-2-24）中找到，对应快捷键为Ctrl+E。

挤出工具可以在面层级和边层级进行操作。回到模型上来，点击挤出工具，这样就在该面弹出了挤出工具的手柄，如图3-2-25所示。红绿蓝箭头分别指向世界坐标的XYZ轴向，箭头上方的小方盒子用来调整该轴向面积大小。在点击其中一个小方盒后，手柄中间会弹出一个淡蓝色的小方盒，如图3-2-26所示。选中拖动后可调节该面整体大小。观察参考图发现，消防栓底部是一个圆盘，中间为圆筒状，这样我们就需要在中间挤出一个圆

图 3-2-23 图 3-2-24

筒。向左拖动中间的方盒收缩至合适大小后，再次点击挤出图标，这样我们就能向上挤出一个圆柱了，如图 3-2-27 所示。

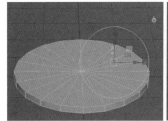 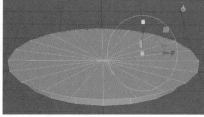 

图 3-2-25 图 3-2-26 图 3-2-27

> "G" 键：是重复上一次命令的快捷键。在编辑—重复（G）中，如我们在挤出一个面后想再挤出一个面，按下 "G" 就行。注意如果按了两下，就等于挤出两次，这样就会出现错面。在 "顶点面" 模式下该区域就会有一条线了。

在正视图调整圆柱高度，可以在点层级下，框选该面的点，按 "W" 在 Y 轴向上拖动至参考图对应位置，如图 3-2-28 所示。我们发现在这个位置又有两层凸起结构，同理再挤出两层结构，然后将上半部圆柱结构挤出，注意上半部圆柱内径稍小于下半部圆柱。这样我们就用挤出工具将这个大结构挤出来了，如图 3-2-29 所示。

图 3-2-28 图 3-2-29

注意在挤出突起结构时，可以先放大圆柱面并向上拉伸，挤出一层后再收缩一层，这样就能挤出一个圆弧形结构。而第二层是一个凸起收缩结构，只要在该层的第二层收缩即可。所有挤出只需要按一次"G"。

Shift键：在选择一排线段的所有点或者面时，可以在选中第二个点时按住Shift键，这时会出现一个加号，然后双击该点，这样一圈点就都被选中了，这个功能只能在一圈或者一列的元素范围中进行。

3.2.7 倒角工具

倒角工具也是多边形建模最常用的工具之一，它的功能是将一段边线扩充为一个或若干个面，用于圆滑棱角分明的边界。所以，倒角工具只对应边层级。该工具可以在模块菜单组的"编辑网格"—"倒角"，或者在建模工具架中找到，对应快捷键为Ctrl+B。根据参考图发现，底座边缘和与圆柱连接处需要倒角，如图3-2-30所示。在边层级下，双击选中该边，然后倒角。我们会发现结果不是我们想要的，出现了一个大的面。这时，需要我们对倒角工具进行设置。在Maya中，所有工具的内部属性都可以通过双击该图标或者点击菜单栏中该工具后面的小方格来打开。我们双击打开倒角工具属性栏，在"倒角选项"中将宽度设置为0.2，分段为1，这样倒角的面就合适了。

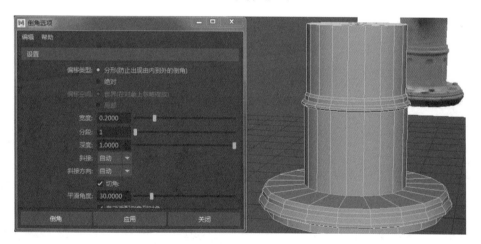

图3-2-30

快捷工具面板：在点击倒角后会在模型的右下角出现一个工具面板，是该工具选项的缩小版，在这里设置分数和分段与"倒角选项"中的数值是对应的，所以也可以在该面板中进行操作。

我们在做模型时，需要对不同结构组成的物体进行分析，将这些结构分解类化成近似的几何体。通过分析消防栓的组件，我们可以将其类化成：圆盘底座＋圆柱体＋一个栓口大圆盘+两个栓口小圆盘+贝福利费雷帽+若干五边形螺丝，如此分析后再制作就有思路了。

现在我们来看，目前圆柱体上方需要做一个纵向式正面圆盘状结构和两个侧面圆盘状结构，如图3-2-31所示。那么我们就需要将圆柱体上方转变成一个带有圆口的正方体，在该正方体的三个面分别挤出该结构，如图3-2-32所示。

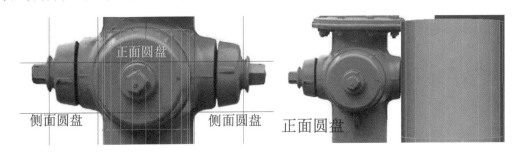

图 3-2-31   图 3-2-32

3.2.8 缩放工具

缩放工具（R）不仅能够对物体大小进行缩放，也能够调点。下一步我们在原来的基础上再挤出三层，第一层和第三层较窄，中间一层的高与宽长度保持一致，呈正方形。在点层级下先将正对我们中间一层的点选中，如图3-2-33所示。可以切换到顶视图查看，上下各5个点。然后按"R"键，选中蓝色的Z轴方格向内挤压，这样这些点就被挤压到同一平面内了，如图3-2-34所示。然后将其向外拖拽到合适位置，同理另外三侧也是如此，如图3-2-35所示。这样我们就在中部位置得到一个正方体结构了。

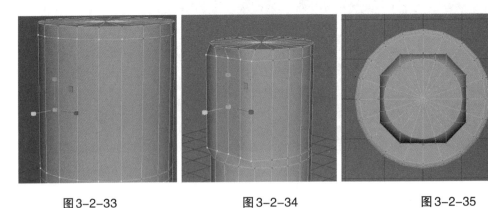

图 3-2-33   图 3-2-34   图 3-2-35

缩放工具的单轴向压缩应用在所有以平面为单位的模型上，在将四个面都同时位移时，手动调节点无法做到精准，这时需要在不同视角下观察并调整对象。如在顶视图中，将其整体结构调整为八边形。

3.2.9　插入循环边工具

插入循环边的功能是在模型的横轴向或纵轴向的空白区域插入一圈或若干圈环线，它可以增加模型网格的段数，在"网格工具"—"插入循环边"找到。现在我们有了四个平面用来挤出，但是需要挤出的结构是圆形，所以就需要在纵轴向的基础上插入横向环线来组成能够构成圆形的点。我们点击"插入循环边"后弹出一个白色三角箭头，在任意一条边按住后弹出一条虚线，拖动选择插入的位置，如图 3-2-36 所示。现在我们在中间位置插入一条环线，然后再在两边各分别插入两条环线，让横向环线数量与纵向环线数量相同，然后在点层级下将这些线段调整为均等距离，如图 3-2-37 所示。

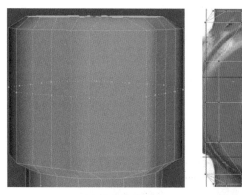

图 3-2-36　　　　　　　　　　　　图 3-2-37

现在将这些点调整为一个近似的正圆形，为了方便我们调点可以通过"R"键单轴向缩放来实现。先选中正方形四端的点，分别在 Y 轴和 X 轴向内收缩，注意不要整体收缩，那样的话这四个点就和其他点不在一个平面内了。重复收缩各点，就可以慢慢将其调整为圆形，如图 3-2-38 所示。

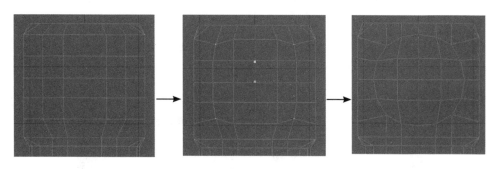

图 3-2-38

3.2.10　圆形圆角工具

我们在处理方形点转化为圆形点和情况时，除了使用"R"键调点外，还可以使用圆形圆角工具。选择方形面上的点，点击"编辑网格"—"圆形圆角"，这样，方形就转化为圆形了。

工具架设置：我们会发现，有许多常用工具在工具架中找不到，这是因为它的长度有限，不能显示所有工具，这时就需要我们手动调整了。例如，要添加插入循环边工具，就在菜单栏中找到它然后按Ctrl+Shift+鼠标左键，这样该工具就被添加进来了，如果要删除直接在该图标上右击选择删除。

3.2.11 多切割工具

多切割工具也叫切线工具，是多边形建模最常用的工具之一。它的功能是从一个点出发在平面上画出任意一条线段，在模块菜单组的"网格工具"—"多切割工具"，或者在建模工具架中找到。在做模型时经常会遇到修改网格线段的情况，这时就需要用到切线工具。观察后可发现当前的网格呈田字格排列，这种布线方式并不利于后期的建模，所以我们需要调整其为米字形排列。先要删除当前的边线，在 Maya 中删除边线不能直接"Delete"删除，这样会有点残留在面上。正确的操作是按住"Shift"键右击，在弹出的热盒中拖动选择"删除边"命令，如图3-2-39所示。

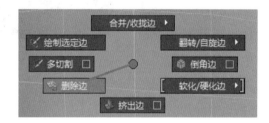

图 3-2-39

现在我们将圆形内部的边线全部删除，然后使用切线工具分别将两端的点连接，如图3-2-40所示，这样就得到了一个新的圆形。注意切线工具的小刀图标会自动吸附在某个点上，如果想从线段上切线，可以按住鼠标左键向两侧拖动，这样就能在线段的任意点上切线了。另外，在遇到有中间点的时候，要依次以起始点—中间点—末尾点的顺序切线，不然在线段交界处会有多余点产生，最后切好的线段要右击完成切线，如图3-2-41所示。

图 3-2-40

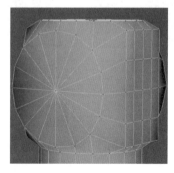

图 3-2-41

现在我们就得到了一个米字形的圆，选择该面进行挤出（图3-2-42），将栓口结构挤出来（图3-2-43）。注意，栓口和主体连接部分有一定的空隙，这个凹槽要通过挤出做出来。在这个挤出过程中除了使用"G"重复挤出外，还要注意面整体和面单位的区别。在打开挤出工具后，手柄右侧会有一个"小开关"图标，点击后会发现中心点从面的右侧切换到了中心。在中心点模式下缩放是整体缩放，而在初始状态下是单位缩放。在做这个结构时我们选择整体缩放。

这样，通过不断缩放之后，我们挤出了这个结构，最后使用倒角工具将模型边缘圆滑，如图3-2-44所示。注意：在倒角时，使用一条边与使用多条边倒角的结果是不一样的。使用多条边会将倒角宽度平均化，其结果没有使用一条边那么宽。

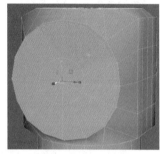

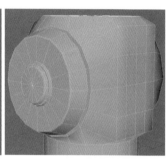

图3-2-42　　　　　　　图3-2-43　　　　　　　图3-2-44

3.2.12　合并

在制作五角螺帽的过程中，我们可以选择使用五边形通过结合的方式来完成。首先，创建一个圆柱。在"属性通道栏"—"输入"—"轴向细分数"设置为5，如图3-2-45所示。然后在点模式下将顶面缩小，将底面删除。注意，删除底面是为了与圆盘结合。现在，将五边形90°旋转，可以在旋转X轴输入90，并位移至圆盘中央，如图3-2-46所示。现在，我们发现这个结构（螺帽加圆盘）是一个整体。所以，我们需要思考如何将螺帽与圆盘结合。

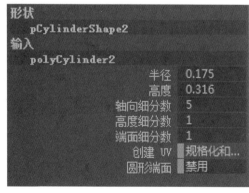
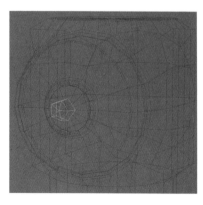

图3-2-45　　　　　　　　　　　　　图3-2-46

　　首先，我们需要将圆盘中央抠出一个与螺帽底部同样大小的五边形。使用挤出工具收缩出一个内圆，如图3-2-47所示。然后将这个内圆调整为五边形。这里我们可以用位移工具搭配吸附点"V"的方式进行合并。在按住V键时，位移的中心会变成一个圆圈，拖动到相邻的点就吸附上去了，如图3-2-48所示。依次将相邻的点吸附，形成一个五边形（图3-2-49）。此时五边形各顶点处虽然看似各自是一个点，但其实还是两个。这时我们可以框选它们，然后选择合并工具。注意，Maya 2018版的合并图标为 ⊡。

图 3-2-47

图 3-2-48

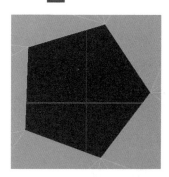

图 3-2-49

　　合并工具是通过两点间距离的长度来判定结合的。我们双击打它的属性面板，可以看到"阈值"一栏默认数值为0.01，如图3-2-50所示。这个值表示两点之间的距离为0.01时进行合并。如果将其设置为10，则表示两点之间距离为10时进行合并。这样我们框选这些点后，在默认状态下就能够进行合并了。

图 3-2-50

3.2.13　结合 ◉

　　结合工具是能够将若干物体结合为一个整体的工具。现在我们可以将其进行结合了。首先，将螺帽的点与五边形的点进行合并。合并方法同样是按住V键依次吸附上去，然后框选合并。其次，在对象模式下，框选这两个模型，点击"网格"—"结合"，这样，这两个模型就成为一个整体了。

　　注意：结合工具一定要在目标模式下使用，且被结合的物体内部不要有面。这样的物体才是一个整体。

3.2.14　提取 ⊞

　　提取工具能够将选定的面从主体上分离开来。例如，我们需要将模型上半部分单独提取出来，可以先选择上半部分的面，点击"编辑网格"—"提取"，这样，上半部分就单独提取出来了，如图 3-2-51 所示。

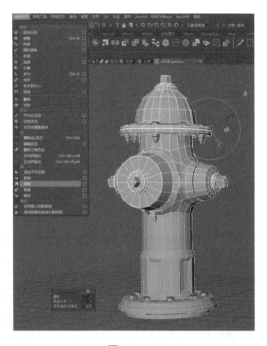

图 3-2-51

3.2.15 桥接

桥接工具能够将同一物体的断层的两条边界进行连接。例如，现在模型的上下两部分缺了一层，可以先选择上下两端的边，点击"编辑网格"—"桥接"，这样上下部分就连起来了，如图 3-2-52 所示。

图 3-2-52

3.2.16 类型 T

我们可以看到，在螺帽上有一个类似浮雕效果的数字"2"。在Maya中有什么工具能够模拟出类似的效果呢？答案是类型。在快捷通道栏找到"T"字符的图标，点开后会看到场景里出现"3DType"的字样。类型工具是一种文字输出工具，它可以将文字三维化地呈现出来。在这里我们输入数字"2"。可以看到2出现在场景中，体积较大较长。我们可以在字体一栏更改为"Arial"，"Type1"—"文本"—"字体大小"一栏设置为"0.2"，如图3-2-53所示。同时切换到几何体，在"网格设置"—"挤出"—"挤出距离"一栏设置为"0.02"，挤出分段为"1"，如图3-2-54所示。这样，我们就得到了一个合适大小的数字，如图3-2-55所示。

注意：这里我们通过调整文字内部属性参数来得到最终效果，也可以通过缩放工具来调整，两种方法结果一致，最后我们可以将其合并，如图3-2-56所示。

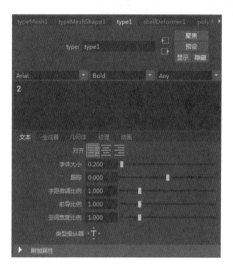

图 3-2-53

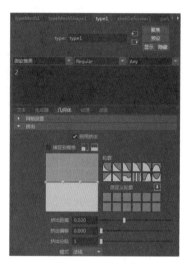

图 3-2-54

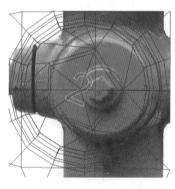

图 3-2-55

图 3-2-56

现在，正面的部分已经做好了，接下来开始做上面的结构（盖帽）。同理，我们使用挤出工具来挤出这一结构。在挤出的过程中，除了可以使用快捷键"G"来重复上一次命令以外，还需要通过切换挤出工具中心点的方式来实现整体缩放，如图3-2-57所示。另外，盖帽顶部的五角螺帽可以通过点吸附和合并的方式挤出。

注意：在吸附时需要将所有点挤压至同一平面，如图3-2-58所示。

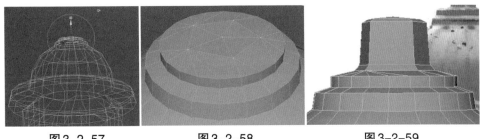

| 图3-2-57 | 图3-2-58 | 图3-2-59 |

我们已经将盖帽结构挤出来了，如图3-3-59所示。通过观察我们发现盖帽表面有凹陷的装饰纹路，从这里可以看出盖帽部分需要制作一个凹陷的结构。现在我们按住Shift键依次将这些面选中，然后选择挤出工具向内挤压，如图3-2-60所示。同时点击蓝色的小方块，弹出中间淡黄色方块并按住向内收缩，这样我们就挤出了这一结构，如图3-2-61所示。需要注意的是这时我们是以单位面积为中心进行挤出的。在做好这一结构之后，需要对部分边线进行局部倒角，以平滑边缘。

| 图3-3-60 | 图3-3-61 | 图3-2-62 |

现在我们来分析一下，消防栓主体部分已经完成，如图3-2-62所示。在制作两边旋盖时我们发现它是镜像对称的，只需要做好一边，另外一边镜像过去就完成了。同理正面圆盘部分，先调点（图3-2-63）、改布线（图3-2-64），再挤出（图3-2-65），通过"G"键挤出凹槽，再通过合点挤出五边形螺帽。注意，在使用挤出工具时一定要切换到中心点模式。

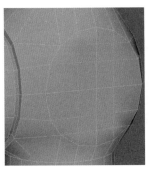

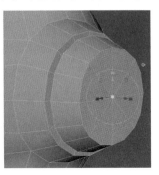

| 图3-2-63 | 图3-2-64 | 图3-2-65 |

3.2.17　镜像

镜像的功能是把轴对称模型的一边对称复制到另外一边，可以分成整体镜像和局部镜像两种。整体镜像要求模型的中线横切穿过模型中央，左右两边布线完全一致。而局部镜像则是在模型中线没有穿过模型中央时使用。无论是整体还是局部，镜像的对象都必须是一个轴对称物体。

> 校对：在镜像之前，我们需要进行外形与结构的校对，确保模型与参照物一致。可以在点模式下整体调节（图 3-2-66），并在线框模式下进行查看。通过对比模型外轮廓与参考图是否对应来调整形态。

回到当前模型，我们看到由于正面圆盘的五角螺帽和数字 2 正好挡住了中线的位置，所以并不完全对称无法整体镜像的。这时我们就需要局部镜像。

首先，我们需要把被镜像的那一部分的面删除，如图 3-2-67 所示。这样做是为了在镜像之后没有重合的内面。

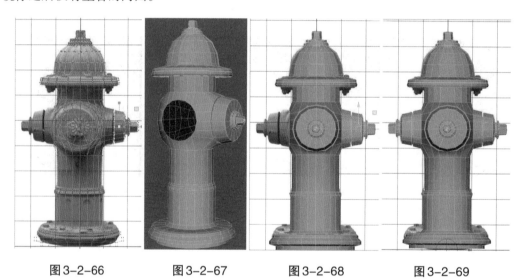

图 3-2-66　　　　图 3-2-67　　　　图 3-2-68　　　　图 3-2-69

其次，选中需要镜像的面，如图 3-2-68 所示。打开镜像工具属性栏，这里我们需要进行设置。在镜像设置里，镜像轴位置有三个选项，其中"世界"表示镜像的中轴线以世界坐标为中心，对象则表示以物体的中线为中心。由于我们的模型位于世界坐标中心，所以选择世界。"偏移"是指对称轴的中心与世界坐标的关系，正值为向 +X 轴偏移，负值为向 −X 轴偏移，默认状态不设置此参数。"镜像轴"为模型对称的轴向，我们可以通过观察视窗左下角的坐标轴来判断。例如，红色的 x 轴为 +X，与我们选中的部分方向对应。而需要镜像的部分为 −X，所以这里我们选择 −x 轴。

图 3-2-70

最后，在合并设置里，"与原始对象组合"默认是勾选的，表示镜像的物体与主体结合。边界有三个选项，"合并边界顶点"表示被镜像部分的边界与主体部分结合。"桥接边界边"表示被镜像部分完全翻转到另外一侧。"不合并边界"表示镜像部分边界与主体部分边界不相连，这里我们选择默认状态，如图 3-2-70 所示。后面的参数一般情况下涉及不到，我们就不动了。

> 检查：在使用局部镜像时，我们需要对连接的边界进行检查，确保局部边界与主体缝合上了。因为在制作一侧结构的过程中会出现点位移的情况，所以边界可能未能连接，此时可以通过吸附点、并合点的方式来操作。

现在模型的主体部分基本上就做好了，如图 3-2-71 所示，我们来查看一下当前模型的布线与参照物是否一致。我们发现正侧面圆盘连接处的结构与参照物不一样，如图 3-2-72 所示，这时我们就需要通过改变布线来完成。首先，选中正面和侧面这两圈圆环，进行倒角，如图 3-2-73 所示。其中侧面圆环倒角数值为 0.5，正面圆环倒角数值为 4。其次，在倒角边线两侧分别斜插入两条边，如图 3-2-74 所示，同时将原来的边删除。最后，通过调点将正侧面圆盘连接处的布线调整为圆形，如图 3-2-75 所示。

这样，我们就通过改变布线将这一结构处理好了。旋转视图，我们看到模型背面的圆盘也需要调整布线，同理我们将这一结构处理好，如图 3-2-76 所示。注意，布线的走向是根据参考图模型结构来调整的。

观察参考图可知，在消防栓底座和盖帽上都有一些五角螺丝，如图 3-2-77 所示。这些螺丝的大小形状都是一样的。在 Maya 中，我们只需要制作一个螺丝，其他的可通过特殊复制来完成。

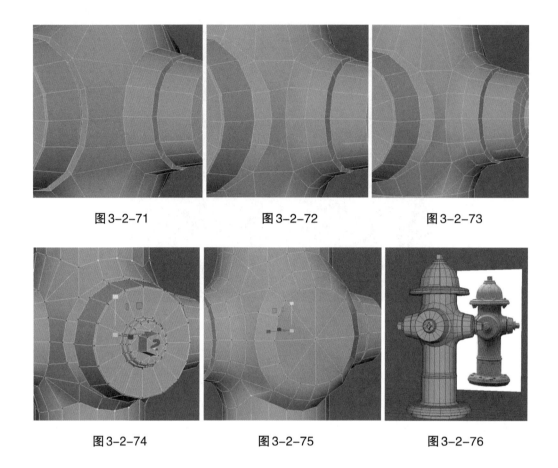

图 3-2-71   图 3-2-72   图 3-2-73

图 3-2-74   图 3-2-75   图 3-2-76

3.2.18 更改枢轴

现在我们来制作底盘上的螺帽。首先，我们制作一个五边形螺帽，将其放置在底座上。这时需要将螺帽的中心枢轴移动到世界坐标中心，在"W"位移状态下，按一下D键或者Insert键进入编辑模式，同时在状态栏激活网格吸附 🧲，这样我们就可以把中心枢轴吸附到世界坐标中心，如图3-2-77所示。最后，按下D键和网格吸附，回到常态。

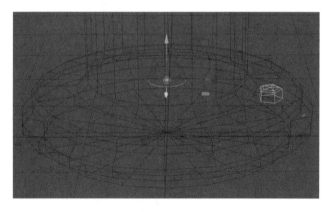

图 3-2-77

3.2.19 特殊复制

特殊复制有别于 Ctrl+D 普通复制，主要特点在于它能够实现以点为圆心旋转复制的效果。点击"编辑"—"特殊复制属性栏（Ctrl+Shift+D）"，在"几何体类型"中，"复制"表示直接拷贝复制成新的对象。"实例"表示该复制结果只是一个镜像，没有真正复制成一个新的对象。"下方分组"中，"父对象"表示将选定对象分组到层次中这些对象的最低公用父对象之下。"世界"表示将选定对象分组到世界（层次顶级）下。"新建组"表示为副本新建组节点。"平移""旋转""缩放"为 X、Y、Z 的偏移值，Maya 将这些值应用至复制的几何体。可以定位、缩放或旋转对象。

在这里我们假设一共有 9 个螺帽，一周为 360°，那么每两个螺帽之间为 40°，除去本体一共需要 8 个副本。另外，螺帽在 X 和 Z 的维度，也就是 Y 轴的切线维度，所以旋转轴向为 Y 轴 40°。这样，我们就复制了 8 个螺帽，如图 3-2-78 所示。同理，我们将盖帽上的螺丝也复制上去，如图 3-2-79 所示。

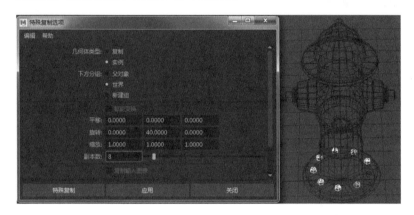

图 3-2-78   图 3-2-79

现在，消防栓基本上就做好了。我们再检查一下细节，例如圆柱部分的凹槽以及正面圆盘下方的凸起结构（栓链条结构）。全部确认后即制作完成。

3.2.20 清理

Maya 提供了清理功能，可使用其中的选项，以指定要清理的多边形几何体的部分。可以仅使用"清理(Clean up)"功能标识匹配指定标准的多边形，或自动使用此功能移除或修改不匹配指定标准的多边形。模型做好之后，打开"网格"—"清理"，在该面板清理效果一栏中（图 3-2-80）可以检查错面，操作中的"清理匹配多边形"可用来重复清理选定的多边形几何体，Maya 通过镶嵌细分（三角化）不精细的面来清理这些问题。而选择匹配多边形是选择符合设置标准的任何多边形，但不执行清除。这里我们可以选择第二个选项。在"通过细分修正"一栏，有 4 边面、大于 4 边的面、凹面、带洞面和非平面面几个选项。这些选项分别代表什么意思呢? 4 边面就是 4 条边的面，大于 4 边的面是指 5 边 6 边等面，凹面是指外轮廓有凹凸的面，带洞面是指面中有洞的面，非平面面是指四个点不在同一平面内，如图 3-2-81 所示。这里我们可以勾选大于 4 边的面、凹面和带洞面。

图 3-2-80

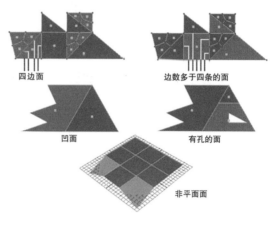

图 3-2-81

在移除几何体一栏中，"层状体面"（共享所有边的面）和"非流形几何体"是需要勾选的。这里我们需要了解其含义。"层状体面"是指重合的面是两个独立的面，使用相同的顶点。这类结构很难被发现，因为他们互相看起来是一样的。"非流形几何体"是一种普遍而复杂的情况。如图 3-2-82 所示为非流形拓扑多边形的三个示例。

图 3-2-82

在第一个示例中（"T"形），两个以上的面共享一边。这就称为倍增连接的几何体。

在第二个示例中（"蝶"形），两个面共享一个顶点，但并不共享边。

两个三维形状共享一个顶点时也可能构成该形状（例如两个立方体相交于一点）。

在第三个示例中，一个图形具有非连续的法线（不含边界边）。也就是说，每个多边形面上的法线指向相反的方向。这是一个不那么明显的非流形几何体示例。

Maya 中的某些工具和操作不适用于非流形几何体。例如，旧版"布尔算法"和"减少"功能就不适用于非流形多边形拓扑，展 UV 时用到的 Unfold3D 也不适用。所以软件提供了修复的功能。现在我们用清理检查一下，如果没有面被选中说明已经完成了。

3.2.21 软、硬化边

针对模型不同结构面的显示效果，Maya提供了软硬边应用，提高对模型的线面点等的调节，使得模型更加适合我们的需要。那么哪些情况是需要我们处理软硬边的呢？

（1）面与面之间的转折角度越大，显示的时候越容易侧面发黑，这时通过硬化边可以有效处理。

（2）当结构内的面与面之间相互连接时，软化边还可以对面与面之间的角度进行设置，有选择地进行软化边设置能更好地过渡这些面。

（3）一般对于机械、建筑、道具等物体使用软硬边，对生物类物体使用软化边。

（4）在使用过特定的编辑工具，尤其是exturde、Split等工具，都会改变物体的软硬边状况。以上就是需要处理软硬边的一些情况，下面我们试着将现在的模型进行软硬边处理。

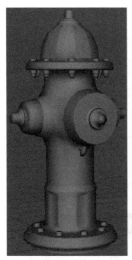  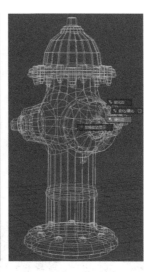 

图 3-2-83　　　　　图 3-2-84　　　　　图 3-2-85　　　　　图 3-2-86

我们看到当前模型的面有些棱角分明而有些过渡平滑，如图3-2-83所示。这是因为在模型制作过程中对基本体进行了各种编辑所造成的。那么，如何快速的处理呢？这里提供一个思路，即先统一软化边，然后选择需要硬化的边来硬化。首先框选模型所有的边，然后按住Shift键和鼠标右键，在弹出的热盒中拖动鼠标至"软化/硬化边"，如图3-2-84所示。再拖动至"软化边"，至此模型所有面都平滑了。现在，我们需要对大结构及小凸起的边界（对照参考图）进行硬化。按住Shift键依次加选所有对应的边，进行"硬化边"处理（图3-2-85）。现在我们的模型就变得平整了（图3-2-86）。

3.2.22 大纲视图

"大纲视图"是以大纲形式显示场景中所有对象的层次列表。可以展开和收拢层次中分支的显示；层次的较低级别在较高级别下缩进。它是Maya的两个主要场景管理编辑器之一。"大纲视图"还会显示视图面板中通常隐藏的对象，如默认摄影机或没有几何体的节点（例如：着色器和材质）。可以使用相应显示和"显示"菜单中的项目，控制"大纲视图"中显示的节点。

现在我们打开大纲视图，先观察一下里面有哪些东西，如图 3-2-87 所示。顶端的摄像机图标为四视图标志，"imagePlane1"为场景网格，红色箭头状的图标"pCylinder1"为模型的操作记录。下方面片状"polySurface1"为主体模型，再往下是螺帽和螺母模型。大纲视图里显示了场景中的所有模型，这里我们需要重命名。

3.2.23 历史记录与重命名

首先，我们可以通过"编辑"—"按类型删除"—"历史（Alt+Shift+D）"将模型的历史记录删除，这样红色箭头状的图标就会消失。注意：这个操作一旦保存就不可逆了，所以我们在删除历史记录以前，需要确保模型已经制作完整。现在我们来删除历史记录，并将主体模型重命名（在图标上双击）为 Hyd_body（消防栓 Hydrant 缩写）。同时，我们发现下面的螺丝零件都是统一的 pCylinder，这里有没有一个简便的方法来重命名呢？打开"修改"—"搜索和替换名称"工具，这里搜索输入 pCylinder，替换为 screw。下面一栏选择"全部"，如图 3-2-88 所示。这样所有的 pCylinder 就都被替换成 screw 了。这一功能可以很快的将同一文件名称替换。最后，我们可以将所有 screw 打一个组（Ctrl+G）为 screw_grp，再将 Hyd_body 与 screw_grp 打组为 Hyd_mesh，这样大纲视图里就干净多了，如图 3-2-89 所示。

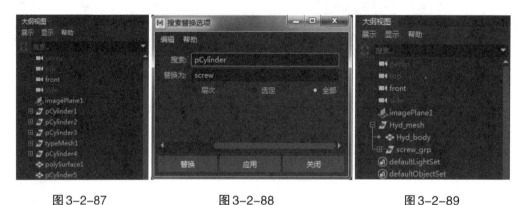

图 3-2-87   图 3-2-88   图 3-2-89

打组与合并：我们在做模型时，往往会遇到打组与合并的艰难选择。这里需要注意，如果模型本身就是一个整体且 UV 已经展开，或者该模型在后面的动画阶段（绑定、K 动画）是整体运动，不涉及零件拆分的，那么这种情况就可以合并。如果模型的 UV 还没有拆分，或者某一个零件需要单独运动，那么就可以打组。

我们可以选择一个零件，按一下↑，就能快速选中该组。

最后，我们来看一下现在的模型。在"5"实体模式下，旋转视图观察其结构与参照物有没有区别，如图3-2-80所示。在"7"剪影模式下，看看模型外轮廓是否正确，如图3-2-91所示。然后我们另存为"hy4.mb"。注意，前面的hy1—hy3已经在制作流程中单独保存了。

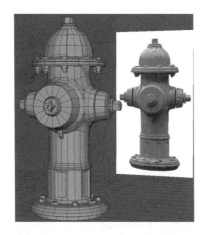 

图3-2-90（实体模式）   图3-2-91（剪影模式）

课后练习

请使用三视图消防栓2020为参考图制作一个面数不大于800面的模型，并思考：基本体初始段数设置为多少合适？

第4章　展ＵＶ（消防栓）

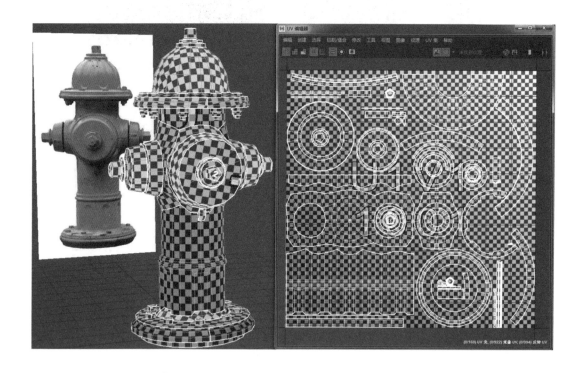

4.1　UV概念介绍

　　三维建模中的"UV"可理解为模型的"皮肤"，展开"UV"即将"皮肤"展开然后进行二维平面上的绘制并赋予物体。"UV"是纹理贴图U向和V向坐标的简称，它定义了图片上每个点的位置的信息。这些点与3D模型是相互联系的，以决定表面纹理贴图的位置，如图4-1-1所示。将图像上每一个点精确对应到模型物体的表面，在点与点之间的间隙位置由软件进行图像光滑插值处理，就是所谓的UV贴图。在这里我们可以理解为模型原本的贴图是混乱的，需要通过特定的投射将模型贴图上的点展开到UV贴图上，这个过程就叫"展UV"，如图4-1-2所示。

图 4-1-1

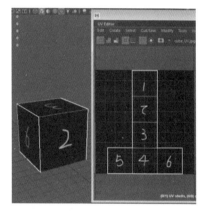

图 4-1-2

　　UV贴图是用于轻松包装纹理的3D模型表面的平面表示。创建UV贴图的过程称为UV展开。U和V指的是2D空间中的水平轴和垂直轴，区别于3D空间中使用的X，Y和Z。一旦创建了多边形网格，下一步就是将其"展开"为UV贴图。要赋予网格生命并使它看起来更逼真（或风格化）需要添加纹理。而纹理始终基于2D图像。这就是UV映射的作用，它是将3D网格转换为2D信息以便可以在其周围包裹 2D纹理。通常展UV的方法有planar(平面)投射贴图,cylindrical(圆柱)投射贴图, spherical(球形)投射贴图,Camera-based(基于摄像机)投射贴图，automatic（自动）投射贴图5种。其中前3种投射方式是针对平面、圆柱、球体、方盒这类规整的基本体，而自动是按照模型x、y、z三个轴向的对应面进行投射。但是自然界中大多数物体并非是规整的，而是表面不平整或者边缘弯曲的，这时候就需要第三方软件来拆分UV了。早年的UV拆分软件主要是UVlayout和Unfold3D，这类软件是通过沿着模型边界线切开后展开的方式进行的，操作便捷方法简单。但是，需要将模型导出成OBJ格式后导入到拆分软件中操作，完成后再导入进Maya。这样的中间过程让展UV环节非常麻烦。所以，软件工程师结合Maya自带插件的功能，将Unfold3D作为一个插件整合到Maya中来，现在工作者不需要再单独使用这些软件，而是将所有工作流程都在Maya中完成，大大提高了工作效率，减少了附带软件数量。

我们在展UV过程中通常需要遵循一个规律，就是先观察再动手，不放过任何一丝一缝。这是因为在UV拆分时，往往会因为漏选某一个面导致模型UV不完整，这时就需要将这一块单独补上或者将这个区域重新展开，比较麻烦。好了，现在就让我们开始展UV吧!

4.2 UV与贴图的关系

我们常说画贴图就要展UV，那么UV与贴图的关系究竟是什么样呢？这里我们以一个正方体为例来说明。首先，在场景中创建一个正方体，可以看到它的UV似乎已经自动展好了。其实它并没有展开。鼠标右击选择UV模式，然后框选其中一个面，我们会发现这些面是连在一起的，这就表明模型的UV没有拆分开，只是正方体是比较特殊的基本体，它的表面本身就是它的UV，如图4-2-1所示。现在，我们点击"UV纹理编辑器"—"图像"—"UV快照"，如图4-2-2所示，将这张图导出来。在快照选项中，文件名选择模型存放的位置（注意路径中不要有中文），文件格式选择PNG，像素保持默认值，然后点击应用，如图4-2-3所示。现在，这张图就被我们导出来了，如果我们想在正方体上画出数字，就需要将该图导入PS中，在对应的位置画出数字。打开PS，将该图导进来，然后创建一个黑色底图作为背景，这时我们就能够看到白色的UV网格线，在该图层上方再创建一个图层，然后写上"123456"，最后隐藏线框图层，将其保存为JPG格式。好了，现在我们就得到了一张以黑色为背景的写有数字的贴图。打开属性编辑器，在最右侧找到"Lambert1"选项，这就是模型默认的材质球。现在我们打开颜色选项后面的棋盘格，在弹出的菜单栏中选择文件，然后在文件名中将该图导入进来，现在我们按一下"6"键（贴图模式），就看到数字被写到模型里了。我们发现数字"2"是颠倒的，这是因为UV是盒状展开的，该面在PS中是翻转的，我们回到PS将"2"颠倒一下再重新导入，这时数字2就正过来了，如图4-2-4所示。通过以上操作我们发现，贴图与UV是一个等比例的对应关系，它将模型的表面显示出来，这样我们在对应的位置就能画出想要的纹理来，同时我们也知道自己画的纹理在模型的哪个位置上，这就是UV与贴图的关系，可通过展UV来实现模型表面与贴图的对应。

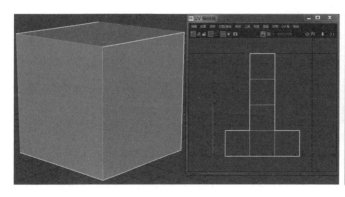

图4-2-1

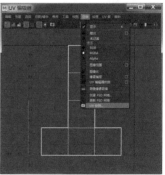

图4-2-2

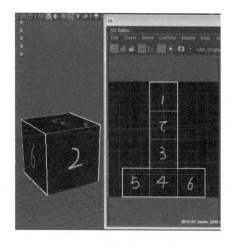

图4-2-3　　　　　　　　　　　　图4-2-4

4.2.1　UV编辑器和UV集编辑器

1.UV编辑器

当我们在建模模块下的菜单栏打开"UV"，第一行"UV编辑器"就是我们用于展UV的窗口，同样可以在快捷菜单栏右边绿色的一排找到它。UV编辑器在过去又叫UV纹理编辑器，是将模型表面UV展开平摊在该窗口的工具。这个过程就叫"展UV（UV mapping）"，类似将一件完整的衣服通过裁减展开平摊在桌面上。新版的UV编辑器中内嵌了UV工具包，用来更加快捷的展开UV，如图4-2-5所示。

我们可以看到在UV编辑器的菜单栏中有编辑、创建、选择、切割/缝合、修改、工具、视图、图像、纹理、UV集和帮助。在实际操作过程中我们会发现菜单中的许多工具是不常用的，我们在后面的展UV过程中会将常用的工具一一讲解。这里我们需要了解一下菜单的分类，"编辑"主要包括复制、粘贴、删除等基本操作。"创建"主要包括各种UV映射工具，在上级菜单栏中也能找到。"选择"主要包括UV面的选择编辑。"切割/缝合"主要针对UV面的缝合切割等编辑。"修改"主要针对已经展开的UV面的排列组合。"工具"主要针对单张UV的形状调整。"视图"主要针对当前视窗的网格颜色等属性调整。"图像"主要包括当前UV背景贴图显示、各种通道显示和导出UV。"纹理"主要为自动棋盘格贴图显示（老版本需要手动将棋盘格贴图赋予模型）。"UV集"主要包括创建一个新的UV集合，将已经展开的UV放入其中，这样不同的UV可以在不同的视窗里显示。"帮助"主要包括各种命令用法的官网查找。

2.UV集编辑器

"UV集编辑器"是UV编辑器菜单栏中"UV集"菜单的集编辑器，只是该功能的使用频率较高，Maya将其放置在上级菜单中以便使用。具体功能是创建新的UV集合，将不同类别的UV分组整理，如图4-2-6所示。

 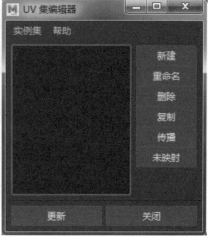

图 4-2-5　　　　　　　　　　　　　　图 4-2-6

4.2.2　常用 UV 映射

　　Maya 中常用的 UV 映射命令主要有平面映射、圆柱映射、球形映射和自动映射，如图 4-2-7 所示。根据不同模型结构特征采用不同映射来展 UV，是传统展 UV 的基本途径。

图 4-2-7

　　"平面"，将处于同一平面的物体表面 UV 提取出来。操作方式为选择多边形的部分或全部的面，在平面映射选项中选择切线方向的轴，然后执行命令，这种映射方式适合比较平坦的物体，在处理处于同一平面的 UV 时可以使用平面映射。

　　"圆柱形"，将处于圆柱形的物体表面 UV 提取出来。操作方式为选择多边形的圆柱表面的面，执行命令，此时会出现一个环状手柄，拖动手柄能够闭合圆环实现完全映射。这

种映射方式适合近似圆柱形的物体，在处理处于圆柱形表面的 UV 时可以使用圆柱映射。

"球形"，将球形物体表面 UV 提取出来。操作方式为选择球形表面的面，执行命令，拖动出现的球状手柄手柄能够闭合球形实现完全映射。这种映射方式适合近球形物体，在处理处于球形表面的 UV 时可以使用球形映射。

"自动"，在纹理空间中根据不同的映射平面对模型进行不同维度的映射，并把 UV 分割成不同的面片。操作方式为选择多边形或者它的部分面，执行命令，将 UV 自动拆分为若干组面。

> 注意：以上映射工具除"球形映射"之外，其他均应用于硬表面模型，即有棱有角的工业模型。而生物类模型，如人体、动物等流线型模型则使用内置的 Unfold3D 及 UV 工具包来展开。

4.2.3 特殊 UV 映射

Maya 中还有一些并不常用的 UV 映射工具。主要有最佳平面映射、基于摄像机映射、轮廓拉伸映射和基于法线映射。在展 UV 的过程中，一般情况下用不到这些工具，在此我们大致了解一下。

"最佳平面映射"，对于一些角度与 XYZ 轴向不完全平行的面，映射需要转动一定的角度以平行于该面，这个手动的过程往往会出现偏差，可以使用该命令自动产生一个与该面重叠的映射平面。操作方式为先点击该命令，然后选择多边形对应的面或者 3 个以上顶点，再单击回车，这样在 UV 编辑器中就显示出了映射的 UV。注意，该命令可以适用于顶点。

"基于摄像机映射"，基于所选视图的摄像机角度创建 UV 贴图映射，这样在操作视图中看到的多边形和 UV 编辑器中看到的多边形形状会是一致的。操作方式为选择模型，执行命令。注意，在线框模式下操作更加直观。

"轮廓拉伸映射"，将选择的面展开至填充整个 UV 编辑器视窗。该功能可以将局部放大，操作方式为选择模型的面，执行命令。

"基于法线映射"，将选择的面沿着该面的法线方向映射，得到的 UV 与该面形状保持一致。该命令类似最佳平面映射，操作方式为选择模型的面，执行命令。

> 注意：以上映射工具除"基于摄像机映射"之外，其他均只应用于局部面。例如，需要将模型的某一块带有角度的 UV 提取时，就可以使用以上命令。当然，我们一般在 UV 编辑器中单独放大，通过棋盘格检查手动调整。

4.2.4　常用 UV 编辑

在拆分 UV 的过程中我们经常会用到一些切割与缝合工具。主要有切割 UV 边、缝合 UV 边、分割 UV、删除 UV、合并 UV、3D 切割缝合 UV 工具、3D 抓取 UV 工具以及自动接缝。在展 UV 的过程中，这些命令和工具使用频率较高，在此我们大致了解一下。

　　"切割 UV 边"，将需要分离的 UV 边界剪开，操作方式为选择要分割的一条或多条 UV 边，执行命令。这样被切割的部分就可以单独分离开了。

　　"缝合 UV 边"，将需要合并的两条 UV 边界合并，操作方式为选择要合并的两条 UV 边，执行命令。这样被切割的部分就可以连接为一整块了。

　　"分割 UV"，将需要分割的 UV 边界剪开，操作方式为选择要分割的一整条 UV 边缘，执行命令。这样被分割的部分就可以单独分离开了。

> 注意："切割 UV 边"和"分割 UV"在处理结果上是一致的，都是将一块 UV 从主体部分分离开来，但通常情况下我们使用"切割 UV 边"。另外，"缝合 UV 边"只能用于模型上的同一条边的 UV，在 UV 编辑器中被切割的边显示粗线，合并过的边显示细线，如果是公共边界，会默认显示粗线。

　　"删除 UV"，将需要删除的 UV 部分删除，操作方式为选择要删除的 UV 对应的面，执行命令。这样被选中的部分就删除了。

　　"合并 UV"，将需要合并的 UV 合并连接到主体空缺的部分，操作方式为选择要合并的 UV 边界点，然后加选被合并主体部分的 UV 边界点，执行命令。这样两块 UV 就合并了。在这里有一个属性选项，打开后我们看到了"阈值(Threshold)"，默认为 0.01。这个值类似上一章建模环节中的"合并顶点"选项，表示两点之间的距离为 0.01 时可以合并。如果我们将这个值调到 10，则表示需要合并的 UV 与被合并 UV 之间距离为 10 以内的范围可以合并。

> 注意："删除 UV"命令只能在面模式下执行，如果在边或者 UV 模式下执行则是以当前边或 UV 点为中心进行删除，其结果是不同的。同时，该命令仅仅删除 UV，模型的面还在，如果使用 Delete 删除则是将面全部删除。另外，"合并 UV"的两块 UV 之间的距离尽量小，不然会以它们之间距离的中心点为最终合并位置。

　　"3D 切割缝合 UV 工具"，是 Maya 新增的工具，操作方式为点击工具弹出三角形的剪刀图标，在呈现出紫色的模型上拖动需要切割的边，这样被选中的部分就切割了。如果需要进行缝合，则按住 Ctrl 键进行拖动，当出现两点一线的图标时松手，这样被选中的部分就合并了。注意，在点击该工具后模型会呈现紫色，我们可以打开它的工具设置面板，在"显示"中找到"显示 UV 壳上色"，将前面的钩取消，这样模型就恢复到原色了。在该选项的上方还有"显示棋盘格贴图"，勾选后模型会显示布满棋盘格，这是用来检查 UV 是否存在拉伸问题的，我们会在后面的环节详细阐述。

　　 "3D 抓取 UV 工具"，可在视图中对象的 UV 上拖动笔刷来移动它们，在笔刷周围的渐变上 UV 受影响。使用时需要在被切割的 UV 边缘（粗线）下进行拖动，鼠标拖到的区域 UV 会发生扭曲，主要用于生物模型的拐角处结构。

> 注意：在使用 "3D 切割缝合 UV 工具" 时可以按住 Shift 键自动沿着一条直线切割，按住 Ctrl 拖动为取消多余边线。以上两个工具可以直接在模型上操作，不需要受到 UV 编辑器的约束，一定程度上增强了直观性，有不少用户开始使用 3D 切割缝合 UV 工具。而由于老用户的操作习惯和精准点选的交互模式，3D 抓取 UV 工具的使用频率较低，在实际工作流程中很少使用。

　　 "自动接缝"，自动识别和选择选定网格或 UV 壳上的最佳边用做接缝。例如，在手动切割完 UV 并展开之后，使用 "自动接缝" 可将 Maya 认定的一些边再进行切割。

4.2.5　Unfold3D

　　 Unfold3D 是目前主流的，由美国 Rizom-Lab 研发的第三方展 UV 软件，新版本更名为 RizomUV。用来专门处理 OBJ 格式模型的 UV，最新版本可以轻松处理 60 万个三角面模型。在 Maya 2018 版以前，官方还没有将其设置为内置插件时，都是通过将模型导出为 OBJ 格式，然后在如 UVlayout、Unfold3D 等软件中展开，再导回 Maya 中操作；而内置化以后我们就可以在 Maya 中一键展开了。

4.2.6　非流形几何面

　　在上一章我们讲到了非流形几何面的基本概念。这里我们需要进一步了解什么是非流形几何面，它产生的原因，以及如何解决。在进行展 UV 之前，我们需要进行 "清理"，而在清理选项中就有 "非流形几何体" 选项。点击后会自动显示出符合要求的面，我们可以通过删面或者改线的方式重新塑造这些错误的面。但是在有些情况下，清理也没有办法显示出来。这时，如果使用 UV 纹理编辑器中的展开功能，会有 "修复非流形几何体" 选项，勾选后展开，底部的提示栏会报红，提示 "当前模型存在非流形几何面，无法使用展开工具"。由此可知，Unfold3D 插件是无法帮助我们自动修复的。那么，模型到底是哪里出错了？在这里我们以消防栓的冒顶结构为例，来看看它背后的原因。

　　首先，我们用一个轴向细分数为 8 段的圆柱创建出一个半球形结构，然后复制一份。在备份的模型上，我们将相邻的面选中，挤出一个瓜皮状的结构（类似消防栓冒顶）。现在，我们分别将两个模型 "清理"，都显示正常。然后，我们在 UV 编辑器中，分别将两个模型的顶面、底面及中线的边切割，然后进行展开，如图 4-2-8 所示。半球形结构自动展开，而瓜皮状结构报错 // 错误: Mesh has non-manifold UVs. Clean up the mesh before using unfold.，如图 4-2-9 所示。这是因为该结构中出现了非流形几何 UV，而它又不属于非流形几何体/面。

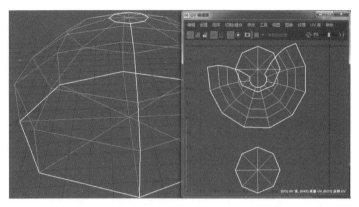

图4-2-8

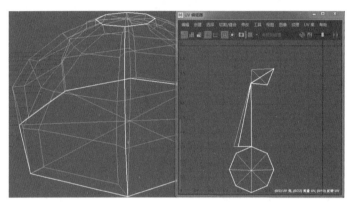

图4-2-9

在这里我们来看一下"图4-2-10",该图中显示的面都属于非流形几何UV,他们在清理过程中会逃过一劫,但是进入展UV阶段就会展露马脚。我们发现这些面都有一些类似的结构,如梯形、Z形、了形以及非同平面形,这些特殊的结构就是非流行几何UV。这里我们需要先用传统映射展开,然后再用插件展开。例如,使用圆柱映射展开(图4-2-11),然后再使用展开命令,这样UV就展开了(图4-2-12)。

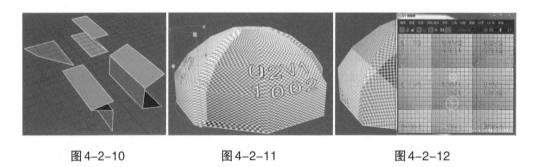

图4-2-10 　　　　图4-2-11 　　　　图4-2-12

4.3 UV拆分详解实例——消防栓

我们在具体讲解拆分UV之前需要对一些基本概念有所了解。这不仅是展UV的理论基础，也是更好地为下一阶段贴图环节而服务。

首先，拆分方式。在 Maya 中进行 UV 拆分没有固定的方法，"条条大路通罗马"，只要最终的 UV 没有明显拉伸且方便后期绘制都是可以的。这里介绍两种常用的拆分方式：结构拆分和整体拆分。

（1）"结构拆分"。顾名思义按照模型的结构来规划拆分顺序和排列，例如消防栓的结构为帽顶、两侧栓口、正面大栓口、主体圆柱、底盘。那么，使用对应的映射工具按照这几个部分拆分并组合排列。这样拆分的好处是画贴图时能够清晰的了解所画区域对应哪一块结构。同样，拆分人体等生物类模型也可以按照此方法进行。

（2）"整体拆分"。顾名思义从整体考虑来拆分和排列，例如消防栓的大形为圆柱体，那么可以将所有圆柱结构为一个整体拆分，其他零碎的平面为另外区域拆分。在排列时也可以将最大面积的 UV 作为主体部分放置左侧，其他平面结构放置右侧，使用的工具一般为 Unfold3D 等插件。这样拆分的好处是比较直观且速度较快。

以上拆分方式只是一种工作思路，根据用户不同的操作习惯还有许多的拆分方式，在此不赘述。总之，只要能够简单且完整地将 UV 拆分开并且没有拉伸，就是好的拆分方式。

其次，棋盘格贴图。在三维世界里如要检查模型的表面贴图是否存在拉伸问题，一般使用棋盘格贴图来对比查找。棋盘格贴图是一种黑白相间的正方形排列而成的图案，这种图案来源于国际象棋棋盘，后大量运用于欧美的内饰装饰和服装设计领域，成为一种时尚设计元素。在 Maya 中给模型附上棋盘格后，如果模型表面的每一块矩形都为标准的正方形且面积相等，就说明 UV 没有拉伸和比例问题，相反则说明这部分 UV 存在问题。棋盘格作为一种衡量标准在三维模型领域广泛运用，早期的检查方式为备份一张棋盘格图片，需要时赋予 Lambert 材质，按 6 键贴图模式下检查。后来则是在材质库中直接链接 Checker 棋盘格贴图，调整 place2dTexture2 中的 UV 向重复来检查棋盘分布情况。现在，UV 编辑器的纹理菜单内置"棋盘格贴图"功能，可以直接在 5 实体模式下查看棋盘分布，不需要再专门赋予贴图了。

最后，接缝问题。在 UV 编辑器中一旦切割了 UV 的边，就表示这一块断开了。而每一块 UV 的边缘线（粗线）就是 UV 交界的地方，在后期绘制贴图时这些区域会显示出明显的断裂痕迹。处理接缝问题是展 UV 的重要手段，一般会把 UV 交界处放置在不容易看到的位置，例如脑袋后面，胳肢窝处，有拐角结构处等等，这样处理就能够很好地规避接缝问题。

好了，以上就是关于 UV 拆分的一些理论基础。下面我们以消防栓模型为例来谈谈如何展 UV。

4.3.1　UV 编辑器应用

选择模型，打开 UV 编辑器，如图 4-3-1 所示。这里显示的数字 2、两个圆和一些矩形是创建的文字模型和圆柱体初始状态的 UV，全部统一包含在这样一个正方形内。我们打开"纹理"—"棋盘格贴图"功能，可以发现所有的棋盘格都是拉伸的，如图 4-3-2 所示。

现在我们就需要通过各种映射工具将其展开，然后在该视窗内进行排列组合，最终变成一个完整的棋盘格排列效果。

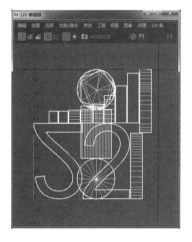

图 4-3-1

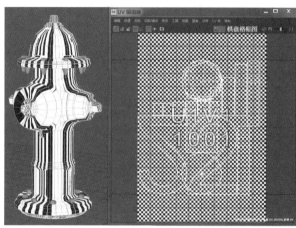

图 4-3-2

4.3.2 基于法线映射应用

在拆分 UV 之前，我们需要知道传统 UV 拆分都是在"面模式"下进行的。这里我们可以分析出，该模型简化成几何体为圆柱和圆盘结构，这些圆形的横截面可以通过"平面映射"提取出来，而其他圆柱形结构可以通过"圆柱映射"提取出来。除此以外，还有一些带有倾斜角度的面可以通过"特殊 UV 映射"提取出来。好了，现在我们从帽顶结构入手，把平面 UV 提取出来。

首先，长按鼠标右键，进入面模式。这里我们看到，虽然螺帽部分的顶面与 Y 轴切线方向垂直，但并不是绝对的平面。对于此处这类具有倾斜的面，我们可以使用"基于法线映射"来提取。选择顶部的面，点击"基于法线映射"，这样这一块 UV 就被提取出来了，如图 4-3-3 所示。我们在 UV 编辑器中用 R 键缩小，然后 W 键把它移出方框。这时，我们发现下面的部分也是同样带有角度的面，且这一圈面同属于螺帽结构，所以在选择面的时候就可以把同一结构的所有面全部选中后统一映射。下面的两层圆盘结构同理，这样我们就将螺帽的 Y 轴对立面提取出来了，如图 4-3-4 所示。

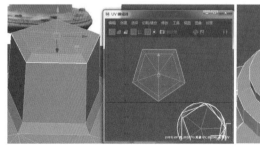

图 4-3-3

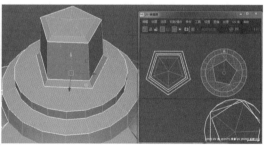

图 4-3-4

注意：在选择一圈或者一排顶点、边、面时，可以先选择其中一个点、边、面，然后按住Shift双击相邻的一个，这样就快速自动选择上了。

4.3.3　圆柱映射应用

现在，我们看到Y轴的一圈面近似于一个圆柱体，可以统一使用圆柱映射将其提取出来。选择这些面，然后执行"圆柱映射"，这时会弹出一个圆柱形手柄，如图4-3-5所示。我们打开棋盘格模式，发现上部的棋盘比较规整，而下部的棋盘压扁了。这时我们就需要在UV编辑器中手动调节了。首先，将其缩小一些并移出UV框，然后框选下面两排UV，R键拉的矮一些，如图4-3-6所示。在拉伸的过程中我们发现，棋盘格的高度与UV是成反比的，即UV越高，棋盘格越矮。这样我们就将此处的UV调整至正常比例了。

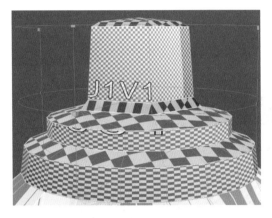

图4-3-5　　　　　　　　　　　　　　　图4-3-6

4.3.4　展开

我们在展UV时经常会遇到一些常用UV映射无法解决的情况，例如消防栓帽顶是一个半圆形结构，无论是使用球形映射还是圆柱映射都会出现一定的拉伸，这时我们就可以使用UV工具包中的"展开"命令了。

在Maya的插件管理器中，我们可以看到"Unfold3D.mll"选项默认是打钩的，如图4-3-7所示。注意：这个插件是新版Maya从第三方软件Unfold3D中提取出来的，方便用户更加快捷的展UV。"展开"命令可以在UV工具包的展开下拉菜单找到，也可以在UV编辑器的"修改"下找到。

我们可以将帽顶结构的面选中后应用圆柱映射，调节圆柱手柄向内侧收缩，直至棋盘格变成正方形，如图4-3-8所示。这里我们发现上半部分有严重拉伸，这是因为越往上曲率越大，离Y轴越远。这时通过展开来处理拉伸。

首先，选中这些面，点击UV编辑器的"修改"—"展开"，模型会显示对应的UV

点，在"方法"一栏中默认 Unfold3D 是勾选的，执行命令。这样 UV 就完全展开了，如图 4-3-9 所示。

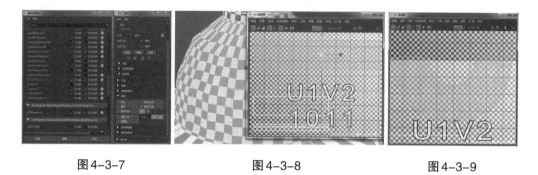

图 4-3-7   图 4-3-8   图 4-3-9

4.3.5 对齐

我们发现在展开后 UV 的交界并不是一条直线，这时我们就需要使用"对齐"命令来打直，选择最上排的 UV 点，在"对齐和捕捉"中选择向上对齐图标 ![icon]，这样 UV 边界就拉直了，如图 4-3-10 所示。

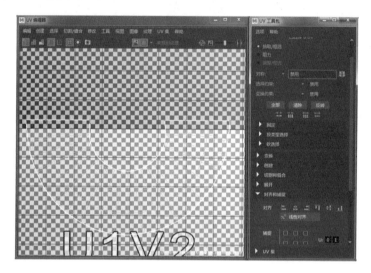

图 4-3-10

4.3.6 固定和优化

虽然展开后 UV 拉伸问题解决了，但是仔细观察棋盘格分布会发现还是有少量拉伸，这时就需要进行优化处理。首先，将刚才的一排点固定 ![icon]，在"固定"中执行固定命令。然后，全选所有的点，在"展开"中执行优化命令 ![icon]，这时计算机会自动将 UV 点进行调整。这样 UV 的少量拉伸问题就有所缓解了，如图 4-3-11 所示。

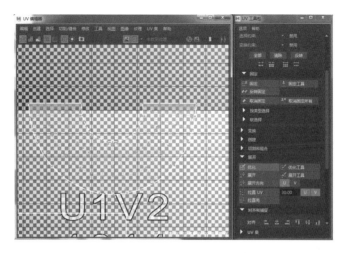

图 4-3-11

注意："展开—对齐—固定—优化"为常用 UV 拆分流程，能够一定程度上缓解 UV 拉伸问题，但是在 Maya 中没有绝对意义上的完全 UV 展开状态，无论如何调整，总会存在少量的 UV 拉伸，这是不可避免且可以忽略不计的。

现在帽顶边缘处结构与上面的"基于法线映射"和"圆柱映射"一样，通过一番操作后，我们将拆分好的 UV 统一放置在 UV 框的上部，这样整个帽顶结构的 UV 就完成了。

注意：在处理帽檐结构上下面时，因为一般情况下模型的背面是看不到的，为了节省 UV 空间我们可以将这两块同时选中映射，背面和正面合并处理，如图 4-3-12 所示，这样它们就共用一块贴图了。另外，在处理帽檐边缘的面时会发现，直接圆柱映射再展开得到的 UV 太长，在处理这类过长的 UV 时我们需要将其对半剪切开来，方便放入 UV 框内。

在处理一些难以选中的 UV 时，可以选择其中一个点，然后按住 Ctrl 键和鼠标右键，在弹出的热盒菜单栏中拖动到"到 UV 壳"，如图 4-3-13 所示，这样就能快速选中需要的 UV 了。

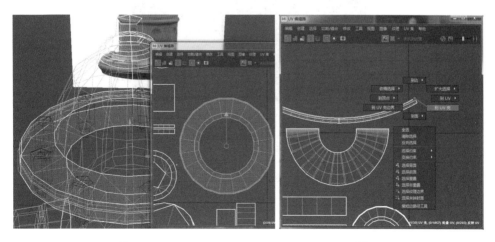

图 4-3-12　　　　　　　　　　　　　　　　　图 4-3-13

4.3.7 平面映射应用

现在，我们开始处理正面栓口结构。这里我们需要先观察一下，正对我们的面可以用平面映射来处理，一共分成大圆环面和小圆环面以及凹凸结构内侧的面。为了节省时间和空间，可以将大圆环面和小圆环面分为一组映射，凹凸结构内侧的面分为另外一组映射。

选中这些面，打开平面映射选项栏，在投影源选择项中，分别有 X、Y、Z 轴和摄像机。我们如何选择呢？这里有两种方法：

（1）需要映射的面的切线方向对应哪一个轴就选择哪一个。现在我们的面是和 Z 轴方向一致，所以就选择 Z 轴，如图 4-3-14 所示。

（2）切换到正对我们的视角选择摄像机。例如，Front-Z 视图正对我们，在此视图下就可以使用摄像机作为投影源，如图 4-3-15 所示。

现在，我们将其映射并缩放至合适大小，凹凸结构内侧的面同理，放置一边，如图 4-3-16 所示。

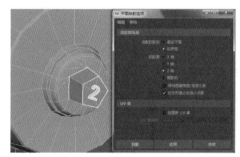

图 4-3-14   图 4-3-15

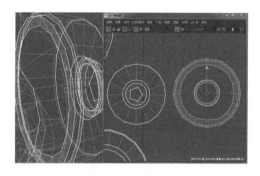

图 4-3-16

然后，使用同样的方法映射圆柱的面。在这里我们不能直接进行映射，因为选中的面和圆柱映射并不在同一轴向。首先选中这些面，执行命令。然后打开属性编辑器，在"投影属性"中将"旋转"的 X 轴设置为"90"，如图 4-3-17 所示。这样圆柱映射的轴向就与面保持一致了。然后，使用展开命令进行二次展开。其他的面也同样操作，最后将其统一放置在一起。

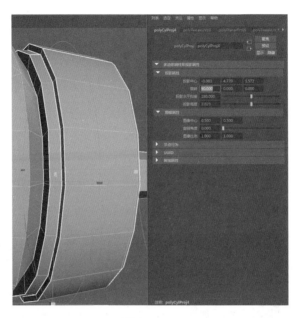

图 4-3-17

> 注意：在之前处理的这些面为何使用过圆柱映射之后还需要进行展开呢？这是因为不在同一个平行轴向角度所导致的。圆柱映射的前提是所映射的面需要与对应轴向完全保持一致，如果有一点偏移则会导致 UV 的拉伸，这时就需要"展开"来处理。

4.3.8 剪切和展开

实际上，圆柱映射的作用是以一条边为分界进行展开。在处理这种面时，可以通过选择一条边为分界线来剪切，然后再展开。以这个五角螺帽为例，先选择一条边线（底部看不到接缝）剪切，如图 4-3-18 所示，然后选择这圈面展开，即可顺利将 UV 展开，如图 4-3-19 所示。

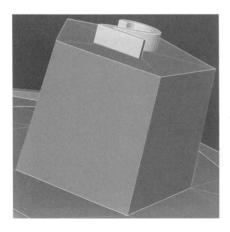

图 4-3-18

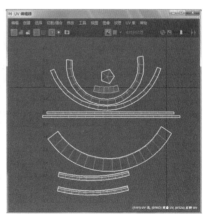

图 4-3-19

注意：为何需要剪切后再展开呢？假设我们现在是一个正在做衣服的裁缝，需要将手上的布料拼接好，那么这些布料的边缘就等同于UV的边界，反之，有了边界这件衣服才能拆分为一块块的布料。这就是为什么需要选择合适的UV边界来剪切再展开。

好了，现在我们以同样的方式来处理两侧栓口结构。使用圆柱映射进行展开。先展开圆柱轴向的UV，再展开平面轴向UV，如图4-3-20所示。通过一系列操作之后，我们发现轴对称模型两侧的UV是一模一样的。那么，在UV编辑器中是否可以将相同的UV重合呢？答案是肯定的。但是这里我们先不着急进行重合，因为现在的UV比例是手动缩放的，它每一块结构的UV比例并不统一，我们需要在最后统一好比例之后来进行UV重合。

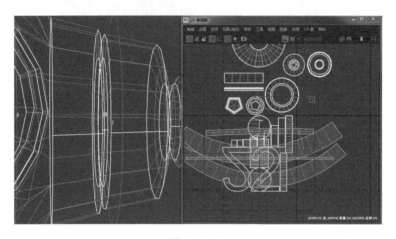

图4-3-20

技巧：在处理轴对称模型的UV时，可以采用展好UV再镜像这部分面的方式来处理。这样我们就可以节省展开另一半UV的时间，同时省去画另外一半贴图的时间。现在我们已经将这部分的UV展开了，可以将另外一半的面删除（图4-3-21），将这一半结构通过局部镜像的方式镜像过去（图4-3-22），这样我们的UV就拆分好了。注意这样镜像的模型是共用同一个UV的。

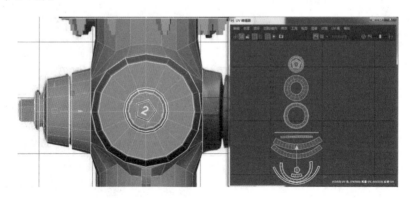

图4-3-21

图 4-3-22

在 UV 编辑器中面的模式下将已展开的 UV 选中，我们可以看到模型对应的面也被选中了，如图 4-3-23 所示。剩下的部分就是还没有展开的 UV。现在，我们以同样的方式圆柱映射出主体圆筒结构 UV，平面映射 + 圆柱映射出底座 UV，统一放置一边。这里有几个注意点：

首先，圆柱体中间三处不在垂直方向的面，UV 存在拉伸，需要通过 "R" 键配合棋盘格显示将其调整为正常，如图 4-3-24 所示。

其次，底座背面的一圈看不到，可以和上面一圈面一起平面映射。这样能够节省 UV 排列的面积。

最后，圆柱与底座连接处的面可以通过先基于法线映射，然后选择一条边剪切，最后再展开的方式处理，如图 4-3-25 所示。

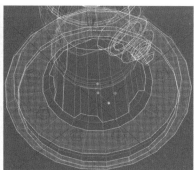
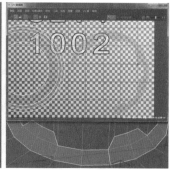

图 4-3-23　　　　　　　图 4-3-24　　　　　　　图 4-3-25

> 注意：由于在一般情况下，模型的底面是看不见的，为了减少模型面数和 UV 面积，可以将其删除。只有在需要用到底面的时候，如动画中有模型倾倒的镜头，或者游戏中有物体翻滚的情况时才需要保留。

此时我们看一下整个模型的 UV 状态。现在除了中间的连接结构和螺丝零件没有展开以外，其他的 UV 都展开了。现在我们来处理剩余部分的 UV。环顾一圈后发现，这类具有不规则结构的 UV 可以通过拆解的方法来处理。上面一圈使用 "圆柱映射"，下面栓口连接处四个方向的面可以使用"展开工具",如图4-3-26所示。

圆柱映射:选择圆柱体部分的面进行圆柱映射,通过查看棋盘格调整映射手柄的高度,并收缩至合适大小,如图4-3-27所示。

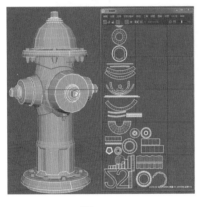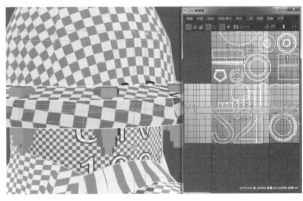

图4-3-26　　　　　　　　　　图4-3-27

展开:在使用展开命令前,需要选择正确的UV边界剪切才能展开。这里看到正对我们的面的一圈UV边是隐藏在栓口结构的后面,一般情况下将此作为边界画贴图不容易看到,所以我们就以此为边界剪切,剪切过程中不要忘记正面栓口下方的小结构一圈边也要剪开,如图4-3-28所示。现在,我们看到整个结构已经分成两块展开了,但是UV上还存在少量拉伸。在这里我们可以先不着急进行优化,在完成"等比例缩放排列"之后再进行最后的优化调整。

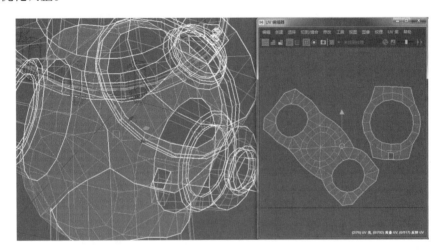

图4-3-28

4.3.9　排布

现在主体模型的UV已经拆分完毕,我们发现棋盘格的大小不一并且排列方向不统一。这是手动缩放UV导致的UV的比例不正确。Unfold3D插件提供了一种便捷的保留三维比例的排布方式，能够轻松解决上述问题。

打开"UV编辑器"—"修改"—"排布"的选项面板，在"方法"一栏中选择"Unfold3D"（若无此选项需在插件管理器中勾选），设置一栏不要勾选"修复非流行几何体"（自动修复非流行几何面），壳变换前设置中"壳旋转前"选择"水平"（按照水平方向排列），"壳缩放前"选择"保留三维比"（按照模型等比例缩放UV），"布局设置"一栏"纹理贴图大小"选择"2048"（以2048×2048分辨率保存UV）。这样，我们的UV就统一排列在UV框内了，如图4-3-29所示。

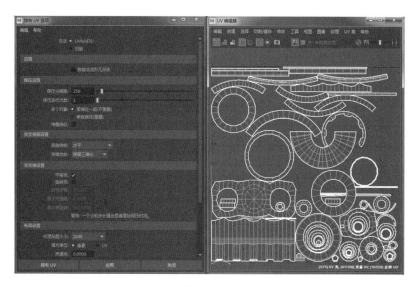

图4-3-29

4.3.10　显示模式

在UV纹理编辑器的快捷显示栏内一共有5种显示模式，分别为线框模式，颜色模式，透明模式，组件颜色模式和组件线框透明模式。

"线框模式"：在"UV 编辑器(UV Editor)"中将 UV 壳显示为清晰的线，如图4-3-30所示。

"颜色模式"：在"对象模式(Object Mode)"下显示的 UV 壳的颜色，如图4-3-31所示。

"透明模式"：在"对象模式(Object Mode)"下显示的 UV 壳的透明度，如图4-3-32所示。

"组件线框颜色模式"：在"组件模式(Component Mode)"下显示的 UV 壳的颜色，如图4-3-33所示。

"组件线框透明模式"：在"组件模式(Component Mode)"下显示的 UV 壳的透明度，如图4-3-34所示。

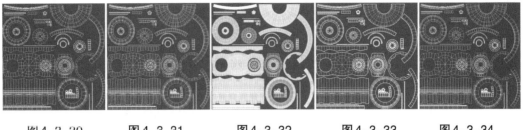

图4-3-30   图4-3-31   图4-3-32   图4-3-33   图4-3-34

以上为五种显示模式，这里需要注意的是"颜色模式"和"透明模式"。"颜色模式"中蓝色代表 UV 的正面，红色代表反面，类似面法线的方向，如果出现红色则需要翻转该区域 UV。"透明模式"中红色代表 UV 的扭曲值，扭曲越大则红色程度越深，这里因为采用了"3"平滑模式才出现部分的拉伸情况，如果回到"1"实体模式则恢复常态。

4.3.11　UV 正反面

UV 也是有正反面的。在 UV 编辑器中工作时，可以使用"前面和背面"—"颜色模式"中的"着色"显示形式，直观地确定 UV 壳上的缠绕顺序。当"着色"模式处于活动状态时，其 UV 缠绕顺序为顺时针的，选定 UV 壳将显示为使用半透明的蓝色进行着色（正面）；其 UV 缠绕顺序为逆时针的，UV 壳将显示为使用半透明的红色进行着色（反面），如图 4-3-35 所示。UV 缠绕顺序是指 UV 纹理坐标存储在特定面的曲面网格上所用的方向。该方向可以为顺时针或逆时针，使用纹理映射多边形网格时务必要知道该方向，因为会影响纹理贴图是否正确。

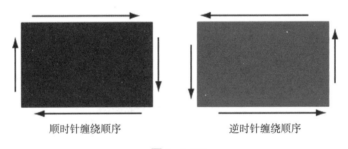

顺时针缠绕顺序　　　　　　　　逆时针缠绕顺序

图4-3-35

4.3.12　UV 翻转

现在我们看到部分的 UV 呈现红色，在模型上也会对应显示出来，如图 4-3-36 所示，这时就需要翻转该 UV。选择其中一个面，右击按住在热盒中选择"到 UV 壳"，执行"修改"—"翻转"命令，如图 4-3-37 所示，该 UV 就转成正面了。

4.3.13　重新整合

我们可以看出，目前 UV 排列上存在一些问题：

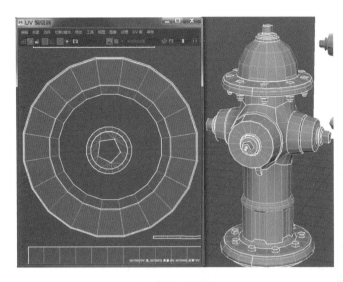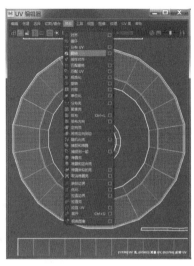

图 4-3-36　　　　　　　　　　　　　　　　　图 4-3-37

（1）未展开的 UV。我们看到一些零碎的或者不规则形状的 UV 就是还没有展开的。

（2）有大面积的留白。窗口中大面积的空白说明没有最大化利用 UV 排列，需要重新调整。

（3）没有顺序。当前 UV 排列杂乱无章。我们需要按照模型的结构顺序来重新排列。

查漏补缺：首先，在 UV 编辑器中找到这些零碎的面，在 4 线框模式下能够看到对应的面，例如栓口下方的小结构，使用"自动映射"来拆分 UV，如图 4-3-38 所示。正面栓口顶部的五角螺帽用圆柱映射（注意轴向）拆分，两侧栓口的一个漏掉的面通过平面映射拆分（统一映射）。经过这样处理之后，所有的 UV 就展开了。

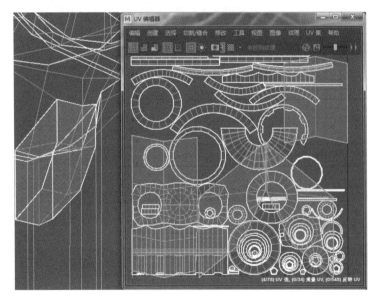

图 4-3-38

局部优化：其次，对于之前还没有优化的UV单独优化。这里可以选择其中一个UV点后按住Ctrl右击鼠标"到UV壳"，如图4-3-39所示。执行"优化"命令，逐一检查一遍后所有的UV就都优化完毕了。

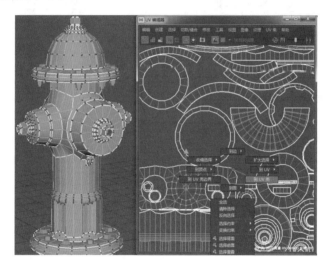

图 4-3-39

重新排列：最后，我们需要对当前UV重新排列。这里我们可以先将所有UV移动到右侧，如图4-3-40所示，然后选择帽顶结构的面，在UV编辑器中就显示出了对应的面，将其统一移动到UV框的上部。以此类推，从上到下排列好。

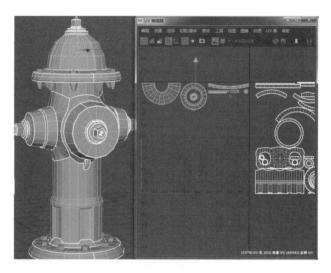

图 4-3-40

重叠放大：在重新排列的过程中，遇到左右两边相同或者类似形状的UV，可以重叠放置。至于误差的问题，我们可以先将两个相同的UV放在一起，然后以一个UV为中心，将另外一个UV的所有点按住"V"键位移吸附到前一个UV点上，如图4-3-41所示，这样两个UV就完全重叠了。同时，如果是直线边缘的UV还需要通过对齐的方式来打直。

图 4-3-41

在手动排列 UV 时经常用到"旋转""翻转"命令。例如，当前 UV 横向排列占用空间时，需要旋转 90°，在修改—旋转属性栏输入 90，点击旋转 UV，如图 4-3-42 所示，这样它就竖向排列了。再如，当前数字 2 需要重合，我们需要将右边的 2 垂直翻转，在修改—翻转属性栏"方向"选择"垂直"，点击"应用并关闭"，如图 4-3-43 所示，这样数字 2 就翻转过来了。

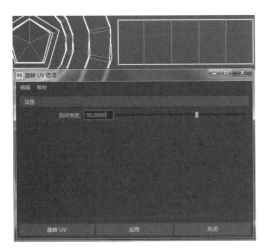

图 4-3-42

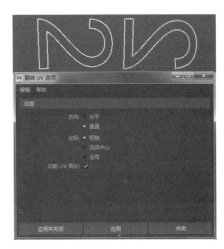

图 4-3-43

通过此方法我们将模型的 UV 从上到下重新排列了。现在我们发现留出的空间有一些浪费，如图 4-3-44 所示。可以将原来的 UV 整体放大一些，然后调整局部 UV 的位置重新再排列，如图 4-3-45 所示，这样就能最大化地利用 UV 框的空间了。

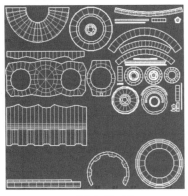

图 4-3-44

图 4-3-45

处理零件：现在，我们发现帽顶和底座的五角螺丝的UV还没有拆分。这里我们可以单独拆分一个，其余的就自动对应上了（特殊复制的结果）。例如，帽顶的螺丝顶面和背面放在一个UV平面映射，如图4-3-46所示。纵向的面可以一起选中放在圆柱形映射。下面的螺帽UV同理，最后使用"保留三维比"排布统一UV大小，如图4-3-47所示，零件部分的UV处理完毕。

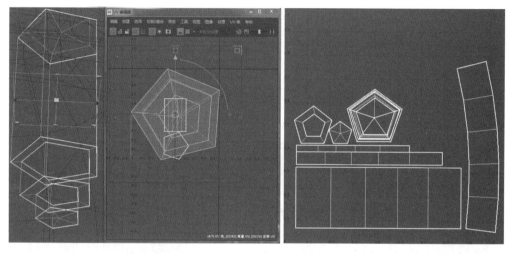

图4-3-46   图4-3-47

将左右对称的及相似的UV重叠在一起，颜色模式下会变成深蓝色，如图4-3-48所示，这样做的好处是最大化地利用UV视窗的面积。最后，这些零件可以与主体结构"打组"或者"合并"，两者区别在于"打组"的零件UV和主体UV是分开的，而"合并"之后的UV是在一起的。这里我们使用"合并"命令，将其缩小放置在空白处。

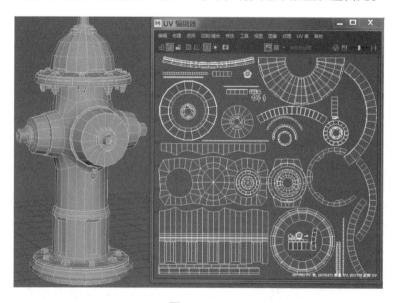

图4-3-48

回顾一下，在我们着手展 UV 之前应先对模型的结构进行分析，拆解出几大块，再按照各自的结构特征选择对应的映射工具来展开，对于一些带有角度的面会再进一步"展开"。最后按照模型结构从上至下将 UV 排列好，以上就是展 UV 的一般流程，这里需要指明此方法适用于硬表面模型，不是唯一的展 UV 方式，对于生物类 UV 有其他方式展开。

> **课后练习**
> 　请使用传统映射方法将你做的硬表面模型 UV 展开，并思考传统映射与插件展开方法的区别。

4.4　高低模转换

事实上，如果我们所做的模型是某个游戏项目的内容，一定会有面数要求。高模和低模是以模型的面数来区分的，没有绝对的标准，并且随着硬件技术的发展这个标准也在不断改变。目前，一般情况下将面数在 1000～2500 的模型统称为低模，特殊的物体也会有 5000 面的低模。高模的面数就没有上限了，从几万到几十万面不等。关于高低模的转换，从用途上来分，低模用于游戏，高模用于动画及影视特效。从制作流程上分，低模用于游戏引擎测试，高模用于烘焙法线贴图到低模上。所以，在制作模型时，高低模往往是同步完成的。

根据对象的不同，高模的制作方法也不一样。在这里我们来了解一下硬表面模型的高模制作流程。对于硬表面模型，一般情况下通过在需要强化的结构边缘两侧"插入循环边"的方式进行，业内俗称"卡线"或"加线"。其目的在于使模型在"3"平滑模式下模型外观能够保持原有的结构特征且更加圆滑。下面我们以该模型为例，来谈谈如何进行高模制作。

4.4.1　准备工作

首先，高模制作应该放在模型制作流程的哪一个环节呢？这里可以在展开 UV 之后进行。如果该高模仅仅是用于烘焙法线贴图，那么在做好低模后就可以进行。但如果该高模也需要画贴图，那么在 UV 拆分之后再转换是比较合适的，因为转换好的高模具有很窄的循环边面，这些面选择起来比较麻烦，且不方便映射，如果将已经展好 UV 的低模进行卡线就自动规避了上述问题。

其次，一些必要的准备。

（1）删除历史记录。在菜单栏的"编辑"—"按类型删除"—"历史"（图 4-4-1）处，执行该命令后操作记录就清空了，同时在属性编辑器中的操作记录也会消失。所以，执行这一步的前提是模型 UV 已经全部做完了，因为一旦删除了历史记录，模型就无法再撤销回上一步。如果不放心可以临时备份文件。

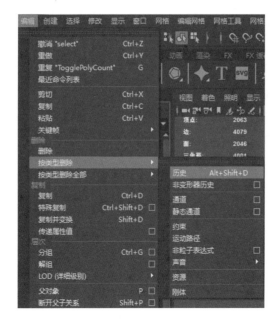

图 4-4-1

（2）重命名。给模型重命名，例如该模型可以命名为"Hyd_mesh"，mesh 为网格。

（3）复制和隐藏。将该模型复制一份作为低模，然后 Ctrl+H 隐藏，如图 4-5-2 所示。当前的这个模型用来做高模，这样就避免了高模完成后低模消失的情况。

图 4-4-2

4.4.2 观察结构

现在，我们先在平滑模式下观察一下模型。我们看到在"3"平滑模式中模型所有的棱角都变圆滑了，这与参考图的外形相去甚远。那么，哪些结构是需要我们卡线处理的呢？总体来说，大结构的边缘和连接处以及小凸起的边缘支撑着模型的总结构，是需要卡线的，而其他一些拐角处需要圆滑，这个边线处理的选择类似硬化边的选择。

4.4.3 插入循环边

现在我们开始插入循环边。为方便操作，可以在菜单栏"网格工具"—"插入循环边"
上按住 Shift+Ctrl+ 鼠标左键，将其放置于工具架 。以
帽顶结构为例，帽檐边缘处的这条边两侧各插入一条循环边（见图4-5-3），这样在平滑模
式下该结构就被固化了（图4-4-4）。但是，这里需要注意的是，循环边与主线间的距离决
定了固化程度。例如，我们将循环边的距离扩大一些（图4-5-5），再对比之前的平滑状
态，可以清楚地看到边缘硬化的程度不如原来（图4-5-6）。所以，通过控制循环边插入的
距离可以有效调整平滑程度，使高模达到我们预期的效果。

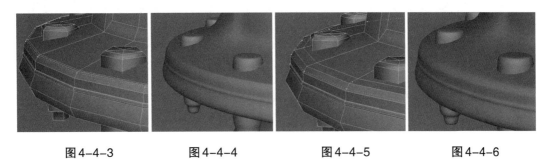

图4-4-3   图4-4-4   图4-4-5   图4-4-6

4.4.4 切线与合并

依次类推，其他的结构都这样处理。但是，在处理一些不规则的边线时，我们就需要
通过手动切线的方式来添加循环边了。例如，在处理如图4-4-7所示结构时，我们用插入
循环边无法一次性解决问题，这时通过切线工具 在三角面的位置接线把这条循环边连接
上，如图4-4-8所示，然后依次沿着循环边方向切出一圈。在这个过程中出现的小三角面
需要通过合点 来处理，如图4-4-9所示。

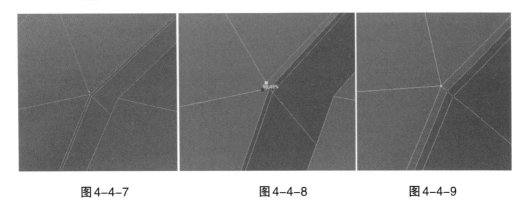

图4-4-7   图4-4-8   图4-4-9

注意：在卡线过程中内侧结构不能因为不可见就不做了。在处理一些不规则的结构时，
需要在不影响周围结构的情况下特殊切线。例如，栓口下方的这个小结构，连接处四周的一
圈需要手动切线（图4-4-10），而纵向结构的边缘需要使用先加循环边（图4-4-11），然后再

连接点"改线"的方式，即删除小结构边界上方的线段（图4-4-12），在连接点处连一条线段来实现。因为直接插入循环边会导致整个一圈的结构都硬化，所以需要改线。另外，为了给该边缘左侧也插入循环边（图4-4-13），需要将左侧四边面中间连线，这样才能加线。

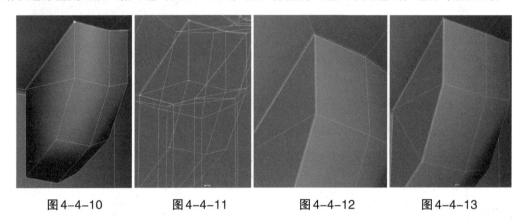

图4-4-10　　　　图4-4-11　　　　图4-4-12　　　　图4-4-13

在切线过程中处理类似结构的背面时，需要在线框模式下将视角探入到结构内部才能加线（图4-4-14），不然会切到错误的位置。现在我们在平滑模式下观察该结构以及周围是否显示正常（图4-4-15），如果线框显示正确说明没有卡线问题（图4-4-16）。依此类推，其他的结构如两边栓口的螺帽边缘也是同样处理（图4-4-17）。

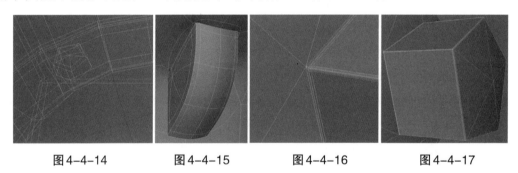

图4-4-14　　　　图4-4-15　　　　图4-4-16　　　　图4-4-17

在处理螺丝零件和数字"2"时，可先将它们分离开来，单独做好后再合并。例如，选中模型，执行"网格"—"分离 📷"命令，这样零件部分就回到了初始状态。我们将其他螺丝删除，只保留一个（图4-4-18），然后点击视图菜单下的"隔离选择 📷"，这样螺丝就在视图中单独显示了。我们以同样的方法卡线，如图4-4-19所示，然后再特殊复制一圈，如图4-4-20所示。

4.4.5　平滑 📷

最后我们来处理数字"2"，这里如果继续使用卡线处理会很麻烦，因为2的正面线段并没有连接。所以，这里我们采用"平滑"的方式。在Maya中提供了自动平滑功能，通过增加模型的面数来达到理想的效果。我们打开"平滑"的选项栏，在"设置"—"添加分段"中提供了"指数/线性"两种方式，两者的区别在于"指数(Exponential)"可选择

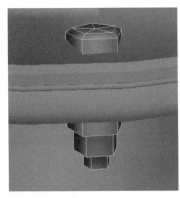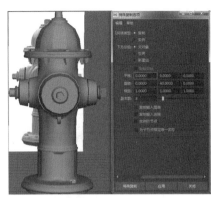

图4-4-18　　　　　图4-4-19　　　　　图4-4-20

保持软边和硬边，且物体不能存在大于四边的面，不然会出现错误；而"线性(Linear)"
可选择更好地控制结果面的数量，且允许存在大于四边的面。下面是通过"指数"平滑
（图4-4-21）和"线性"平滑（图4-4-22）的不同结果。

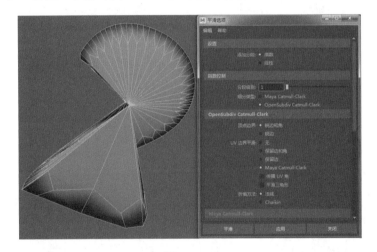

图4-4-21

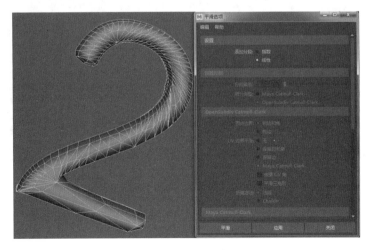

图4-4-22

全部完成后，我们将其再次结合，同时在平滑模式下观察它的布线是否规律，在视图左上角"多边形计数"显示中对比一下高低模的面数差异，可以发现低模为2031个面（图4-4-23），高模的原始状态为6506个面（图4-4-24），而平滑状态为100020个面（图4-4-25）。最后将历史记录删除，这样高模的转换就完成了。

图4-4-23　　　　　　　　　　图4-4-24　　　　　　　　　　图4-4-25

总结：通过以上学习，我们对硬表面高模的制作有了一个初步的认识，可以发现，只要在模型需要硬化的结构处加入循环边，就能够在平滑显示状态下保持外形和结构的稳定，同时模型的UV也是正常状态，如图4-4-26所示。

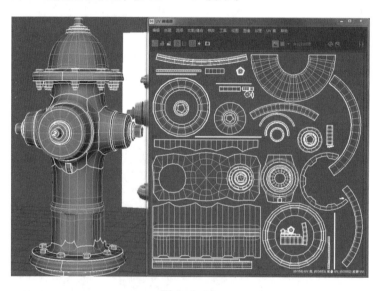

图4-4-26

第5章 材质与纹理贴图

■■■ 5.1　材质与纹理贴图

在模型的 UV 展开之后，我们需要进行纹理贴图的绘制。这个过程可以简单理解为给衣服上颜色，而衣服是什么质地的，有什么样的肌理，决定了最终效果。所以，在绘制纹理贴图之前，我们需要对材质有一个大致的了解。

图 5-1-1

材质是什么？简单说就是物体看起来是什么质地，如图 5-1-1 所示。材质可以看成是材料和质感的结合。在渲染程序中，它是表面各可视属性的结合，这些可视属性是指表面的色彩、纹理、光滑度、透明度、反射率、折射率、发光度等。正是有了这些属性，才能让我们识别三维中的模型是什么做成的，也正是有了这些属性，我们计算机三维的虚拟世界才会和真实世界一样缤纷多彩。

色彩是光的一种特性，我们通常看到的色彩是光作用于眼睛的结果。但光线照射到物体上的时候，物体会吸收一些色光，同时也会漫反射一些色光，这些漫反射出来的色光到达我们的眼睛之后，决定了物体看起来是什么颜色，这种颜色在绘画时称为"固有色"，如图 5-1-2 所示。这些被漫反射出来的色光除了会影响我们的视觉之外，还会影响它周围的物体，这就是光能传递。当然，影响的范围不会像我们的视觉范围那么大，它要遵循光能衰减的原理。另外，有很多资料把"Radiosity"翻译成"热辐射"，其实这也贴切的，因为物体在反射色光的时候，色光就是以辐射的形式发散出去的，所以，它周围的物体才会出现"染色"现象。

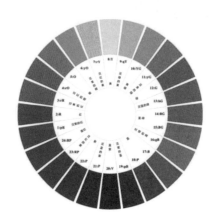

图 5-1-2

1. 漫反射（Diffuse）

漫反射，是投射在粗糙表面上的光向各个方向反射的现象。当一束平行的入射光线射到粗糙的表面时，表面会把光线向着四面八方反射，所以入射线虽然互相平行，但由于各点的法线方向不一致，还是会造成反射光线向不同的方向无规则地反射，如图5-1-3所示，这种反射称为"漫反射"或"漫射"。这种反射的光称为漫射光。很多物体，如植物、墙壁、衣服等，其表面粗看起来似乎是平滑的，但用放大镜仔细观察，就会看到其表面是凹凸不平的，所以本来是平行的太阳光被这些表面反射后，弥漫地射向不同方向。当一束平行光触及光滑物体表面时，光线则发生规律性反射，反射后的光线也相互平行，这种规律性反射称为光的单向反射或镜面反射。但物体的光滑程度是相对的，而一般物体的表面多粗糙不平，入射线虽然为平行光线，但反射后的光线则向各个方向分散，此种现象为光的漫反射。

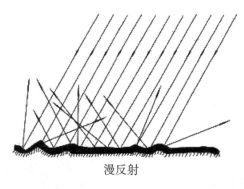

漫反射

图 5-1-3

2. 纹理（Texture）

纹理泛指物体面上的花纹或线条，是物体上呈现的线形纹路。比如石头表面的粗糙面（图5-1-4）、布料上面的布纹（图5-1-5）或者生锈铁的表面（图5-1-6）。在计算机三维世界里，一个材质需要有纹理的搭配才能显示出真实的效果。在Maya中，我们将UV表面附上的一层肌理效果称之为纹理，类似材质固有的属性效果。

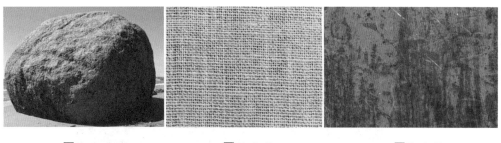

图 5-1-4　　　　　　　图 5-1-5　　　　　　　图 5-1-6

3. 光滑度(Glonssiness)与反射(Reflection)

一个物体是否有光滑的表面，往往不需要用手去触摸，视觉就会告诉我们结果。因为光滑的物体总会出现明显的高光，比如玻璃、瓷器、金属等（图5-1-7）；而没有明显高光的物体，通常都是比较粗糙的，比如砖头、瓦片、泥土等（见图5-1-8）。这种差异在自然界无处不在，但它是怎么产生的呢？依然是光线的反射作用，但和上面"固有色"的漫反射方式不同，光滑的物体有一种类似"镜子"的效果，在物体的表面还没有光滑到可以镜像反射出周围的物体的时候，它对光源的位置和颜色是非常敏感的。所以，光滑的物体表面只"镜射"出光源，这就是物体表面的高光区，它的颜色是由照射它的光源颜色决定的（金属除外），随着物体表面光滑度的提高，对光源的反射会越来越清晰，反映在二维材质编辑中，就是越是光滑的物体高光范围越小，强度越高。当高光的清晰程度已经接近光源本身后，物体表面通常就要呈现出另一种面貌了，这就是Reflection材质产生的原因，也是古人磨铜为镜的原理。但必须注意的是，不是任何材质都可以在不断的"磨炼"中提高自己的光滑程度。比如我们很清楚瓦片是不可能磨成镜的，为什么呢？原因是瓦片是很粗糙的，这个粗糙不单指它的外观，也指它内部的微观结构。瓦片质地粗糙，里面充满了气孔，无论怎样磨它，也只能使它的表面看起来整齐，而不能填补这些气孔，所以无法成镜。我们在编辑材质的时候，一定不能忽视材质光滑度的上限，有很多初学者作品中的物体看起来都像是塑料做的就是这个原因。

图5-1-7　　　　　　　　　　图5-1-8

4. 贴图（Map）

贴图泛指模型表面的图案。在Maya中，在模型的UV所对应的位置上绘制出图案的过程就是画贴图，它是3D影视动画以及游戏制作过程中的一个环节，通常用ps等平面软件制作材质平面图，覆于利用Maya、3D Max等3D制作软件建立的立体模型表面的过程，称为贴图。例如：当前雀巢咖啡杯中间的位置上需要印有产品的Logo（图5-1-9），那么我们就需要有一张对应的Logo图（图5-1-10）来印在上面。

图5-1-9　　　　　　　　　　图5-1-10

5. 纹理、贴图、光滑度和反射的关系

最后，我们需要理清四者之间的关系。这里我们就以一个陶瓷水盂为例，如图 5-1-11 所示。首先，该水盂是一种青绿色的陶瓷材质，那么在 Maya 中就会有一个模拟陶瓷的材质球来对应。其次，由于表面釉质的关系，该陶瓷的光滑度较高，且能够反射光线，这两个属性是在材质球内调节的。然后，陶瓷表面的龟裂纹是一种纹理，需要在 Photoshop 软件中处理。最后，梅花图案的装饰是该模型的贴图，同样需要在 Photoshop 软件中处理。所以，光滑度和反射是材质球的属性，而纹理和贴图是需要在第三方软件中处理后再导入进来的。

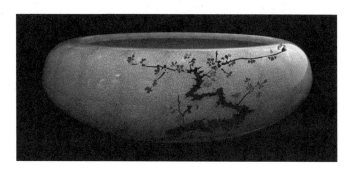

图 5-1-11

以上就是材质与纹理贴图的关系，我们在绘制贴图时，只有把上述关系理清楚才能更快的进行绘制流程。这是因为在绘制贴图时，往往需要对某一个图层的局部进行特殊处理，掌握了材质与贴图的对应关系才能够更好的绘制。好了，现在就让我们开始画贴图吧！

5.1.1　Hypershade 材质编辑器

在 Maya 中进行材质编辑的窗口叫作 Hypershade ⬤，它是以节点网络方式显示并编辑材质的。在状态栏右侧有一个蓝色的小球就是它，或者执行"窗口"—"渲染编辑器"—"Hypershade"，如图 5-1-12 所示。Hypershade 的功能强大，可在节点编辑界面中构建着色器，其中节点是在为外观开发而优化的自定义视图中创建的。它主要有如下功能：

（1）在复杂着色网络中工作的同时，Solo 节点以预览其输出并识别问题。

（2）通过停靠、取消停靠和重新排列面板，创建涵盖外观开发工作流的自定义布局。

（3）使用特性编辑器（其中仅显示常用的属性）编辑材质。

（4）在材质查看器中预览纹理、凹凸贴图和着色器。

（5）通过使用工作区中的选项卡，同时处理多个着色器图表。

（6）通过暂停材质和纹理的样例生成，避免等待样例进行渲染。

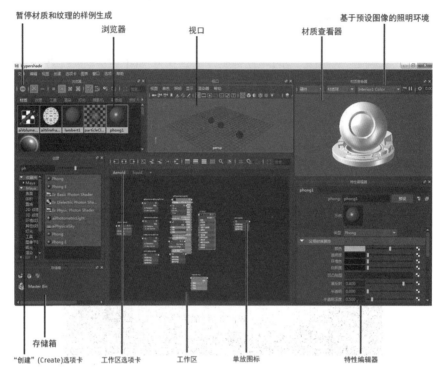

暂停材质和纹理的样例生成　　浏览器　　视口　　材质查看器　　基于预设图像的照明环境

存储箱

"创建"(Create)选项卡　　工作区选项卡　　工作区　　单放图标　　特性编辑器

图 5-1-12

5.1.2 材质球

首先，大家要了解材质。材质是指某个表面的最基础的材料,如木质、塑料、金属或者玻璃等纹理其实就是附着在材质之上,比如,生锈的钢板,满是尘土的台面,绿花纹的大理石,红色织物,以及结满霜的玻璃等等。纹理要有丰富的视觉感受和对材质质感的体现。在 Maya 中所有模型都是通过材质球的方式显示当前物体表面状态,默认为 Lambert 材质球，如果想要更换模型材质,就需要赋予新的材质球。打开当前文件,点击模型,打开属性编辑器,点击菜单栏右侧的箭头,最右边的一栏就是对应的材质球。我们看到当前材质球为 Lambert，如图 5-1-13 所示。它不包括任何镜面属性,对粗糙物体来说,这项属性是非常有用的,它不会反射出周围的环境。Lambert 材质可以是透明的,在光线追踪渲染中发生折射,但是如果没有镜面属性,该类型就不会发生折射。平坦的磨光效果可以用于砖或混凝土表面。它多用于不光滑的表面,是一种自然材质,常用来表现自然界的物体材质, 如：木头、岩石等。

我们需要对其"公共材质属性"中的各个选项有所了解,这样在后面链接贴图时就可以知道其含义了。

1. 颜色（Colour）

材质的颜色,改变颜色属性。默认颜色为灰色,点击灰色色块,会弹出一个拾色器窗口,可以在色板中选择颜色,或者通过调整 HSV 或 RGB 数值来改变颜色的色相、明度和灰

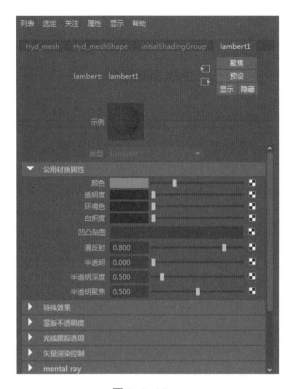

图 5-1-13

度，如图 5-1-14 所示。同时色块右侧的吸管工具可以吸取 Maya 软件中的任意颜色，比如参考图中的颜色，类似 PS 中的吸管功能。在颜色通道后面一个棋盘格状的图标是"创建渲染节点链接"窗口，可以指定一个程序纹理或一张纹理贴图，如图 5-1-15 所示，我们后期绘制的纹理贴图就是链接在"文件"选项下。

图 5-1-14

图 5-1-15

2. 透明度（Transparency）

用于控制材质的透明度，白色为透明，黑色为不透明。透明属性除黑白色以外还可以是其他颜色，搭配颜色通道下的不同灰度可以产生不同颜色的透明效果。

3. 环境色（Ambient Color）

用于控制对象受周围环境色的影响。默认为黑色，调整为其他颜色则会产生较亮的颜色效果，同时会和材质自身的颜色和亮度产生混合。

4. 白炽度（Incandescence）

模仿白炽状态的物体发射的颜色和光亮，会覆盖自身的颜色，但并不照亮周围的物体，所以不能用作光源，默认值为0（黑）。

5. 凹凸贴图（Bump Mapping）

用于控制对象表面产生凹凸效果。通过对凹凸映射纹理的像素颜色强度的取值，在渲染时改变模型表面法线方向使它看上去产生凹凸的感觉，法线贴图就是链接在该通道上的。

6. 漫反射（Diffuse）

用于控制对象漫反射的强弱效果，默认为0.8，该值为1时，渲染的颜色最接近材质本身，该值为0时，对象不受光照影响。它描述的是物体在各个方向反射光线的能力。

7. 半透明（Translucence）

指对象在逆光情况下，灯光不仅可以照明对象正面，还会影响到对象的背面，产生透光效果，如皮影戏的感觉一样。

8. 半透明深度（Translucence Depth）

半透明深度，是灯光通过半透明物体所形成阴影的位置的远近。

9. 半透明聚焦（Translucence Depth）

半透明的焦距，是灯光通过半透明物体所形成阴影的大小。值越大，阴影越大，而且可以全部穿透物体，值越小，阴影越小，它会在表面形成反射和穿透，换句话说，就是可以形成表面的反射和底部的阴影。

以上为Lambert材质球的公共材质属性，当我们打开Blinn材质球后会发现它的"公共材质属性"栏的相关属性和Lambert是一样的，只是在下面多了一栏镜面反射着色。如果我们再打开如Phong、各项异性等Maya自带材质球，会发现都有"公共材质属性"栏的相关属性。这说明在Maya材质中这些基本属性是共通的，初学者必须掌握。而其他的属性栏是其他材质球特有的，能够实现其固有效果的属性。

5.1.3 材质球赋予

在Maya中赋予材质球有两种方法，右键"指定新材质"或者"Hypershade创建材质球"。例如，在场景中选择消防栓，然后右击按住，在弹出的菜单栏中选择"指定新材质"。之后在材质快捷菜单栏中选择一个Blinn材质球，这样我们就替换了当前的Lambert材质球。如图5-1-16所示，在属性编辑器的最右边一栏Blinn1就是当前模型的材质球，一直点击向右箭头可以找到它。注意：中间部分为模型的操作记录，可以用"按类型删除历史（Alt+Shift+D）"来清除。

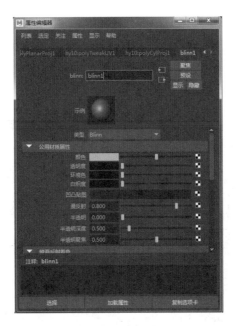

图 5-1-16

我们打开 Hypershade，在材质查看器窗口能够看到 Blinn1 的效果。我们可以按住 Alt+鼠标右键拖动，来调整材质球的显示大小。选择不需要的材质球按 Delete 删除，如果当前材质球被删除，模型会显示亮绿色，如图 5-1-17 所示。我们看到当前窗口有 lambert1、particleCloud1 和 shaderGlow1 三个材质球。它分别代表了默认物体材质属性、默认粒子材质属性和默认光晕材质属性。后两者是针对场景中的粒子和光晕的，如果场景中有软件渲染粒子或者光晕才有用，直接调整各项属性即可。注意：默认材质球是场景的基本属性，一个空的场景中也有这三个材质球。

图 5-1-17

在这里我们有两种赋予材质球的操作。例如，创建一个Phong材质球，可以在模型上右击选择"指定新材质"（图5-1-18），然后在编辑窗口选择Phong材质球（图5-1-19）。或者选中模型，在该材质球上右击按住，在弹出的热盒中选择"为当前选择指定材质"（图5-1-20），这样材质就赋予上去了。

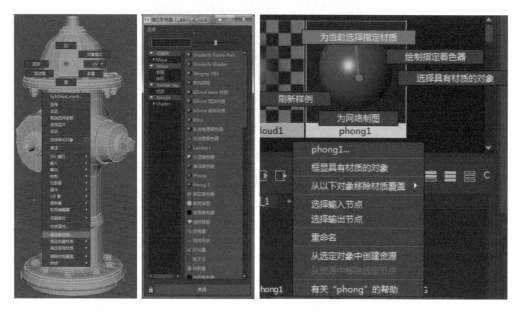

图5-1-18　　　　　　图5-1-19　　　　　　　　图5-1-20

5.1.4　纹理绘制软件

Substance Painter是目前主流的PBR材质绘制软件之一，能够直接在3D模型上进行纹理绘制和渲染，如图5-1-21所示。其主要功能为多通道纹理输出渲染，即将纹理贴图烘焙后进行材质表面绘制。Substance Painter能够将导出的贴图与游戏引擎或三维软件对接，同时显示效果具有实时渲染功能，在绘制的同时就能够看到模型材质最后的样子，并且通过更换材质球来达到理想的效果。该软件会在烘焙过程中自动从模型中生成所需的材质，比如AO贴图、Curvature贴图、世界和切线空间法线、位置贴图等。同时，Substance Painter与PSD文件互通，可以在PS绘图软件中添加细节，并在Substance Designer中看到实时效果。同时，它可以烘焙法线贴图，将高模的纹理细节映射到低模上。其中，Substance是Maya2018之后版本都有的，SubstanceMaya和Substanceworkflow是2020版本新添加的插件，如图5-1-22所示。Substancelink是2022版本新添加的插件，如图5-1-23所示。在Maya2018版中，Substance为2D纹理材质球，可以将Substance文件导入到Maya里并转化为Arnold识别的多通道材质，方便渲染查看。而Maya2020版中，Substance为软件制作的贴图，可以直接以工作流程的方式将自带的sbsar格式文件快速导入到Maya里。可见，随着Maya的不断更新换代，其工作流程也会随着行业的需要进化。由于Substance Painter属于操作相对复杂的绘制软件，其内容庞大，相对于Photoshop而言复杂许多，在此不做赘述。

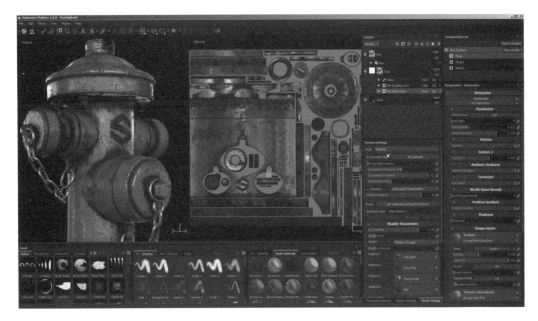

图 5-1-21

图 5-1-22

图 5-1-23

　　Mari 是一个 3D 模型贴图绘制软件，可以绘制复杂的纹理贴图，如图 5-1-24 所示。Mari 软件最初是 Weta Digital 公司为了制作《阿凡达》而开发的，后由 The Foundry 公司继续开发成为商业软件。Mari 软件简单易用，可以处理超高清的纹理贴图。其利用 GPU 运算，所以对显卡的要求较高，须搭配专业的图形显卡如 Nvidia Quadro 系列。Mari 拥有强大的纹理绘图工具，能够绘制出真实的贴图效果。同时，它具有迅速流畅的互动操作入口，可以边画边看实时效果。与其他贴图绘制软件一样，Mari 拥有无与伦比的贴图功能，能快速制作出逼真的纹理效果。

图 5-1-24

Quixel Suite 是一款 3D 纹理贴图制作软件,主要用于与 Photpshop 配合绘制硬表面模型贴图。该软件可以根据法线贴图、OCC 贴图自动生成各种遮罩,如图 5-1-25 所示。同时,可以帮助用户进行贴图设计,提供 DDO(纹理绘制模块),NDO(法线贴图模块),3DO(Toolbag 预览引擎)和 MegaScan 材质库。用户可以在 PS 中对贴图进行处理并生成遮罩,提高工作效率。它基于 PS,具有强大的 3D 绘制功能,且支持 PBR 渲染技术。纹理贴图尺寸最高可达到 8K 分辨率,拥有 1000 多种基于真实表面的材质。

图 5-1-25

Bodypaint3D 是一款可以在 3D 模型上直接绘制贴图的软件。如图 5-1-26 所示，BodyPaint 3D 提供了丰富的笔刷效果，其中尤以 RayBrush 和 Multibrush 最为突出。目前该软件已经整合到 Cinema4D R10 中，并作为其核心模块改变了用户原有的工作方式。用户在进行简单的设置后，就能通过多样的画笔工具在模型表面进行实时绘画。

值得一提的是，在上述 3D 纹理贴图制作软件还没有诞生以前，Bodypaint 3D 一直是绘制游戏类（低模）和卡通类模型的主要软件，其"所见即所得"的绘制功能，让模型贴图绘制过程变得直观，相对于 Photoshop 在平面世界中探索，Bodypaint 3D 提供了一种相对便捷的工作方式。但是，近年来大量纹理贴图制作软件的出现将其挤下神坛，其使用人数已经很少了。

图 5-1-26

Adobe Photoshop，简称"PS"，是由 Adobe 公司开发的图像处理软件。Photoshop 主要处理以像素为单位的位图。其丰富的图片修改工具可以有效地对图片进行编辑，如图 5-1-27 所示。PS 的功能很全面，在图像处理、文字排版、出版物编排等方面都能应用自如。其自 1990 年推出以来，经历过多个版本的迭代。2003 年，Photoshop 8 更名为 Photoshop CS；2013 年 7 月，Adobe 公司推出了新版本的 Photoshop CC，Photoshop CS6 作为 Adobe CS 系列的最后一个版本被 CC 系列取代。

需要说明的是，虽然目前诞生了许多专业的 3D 模型贴图绘制软件（Substance Painter、Mari、Quixel、Bodypaint 3D），尤其是 Substance Painter，结束了传统的工作流程，可以直接在引擎中绘制贴图，所绘既所得，但是，在制作极为丰富的贴图时还是推荐 Photoshop，因为它在处理传统图像画面效果上有无法替代的功能，只是无法在模型上直接绘制。例如，在处理法线烘焙时错误的贴图信息或者在合成像素极高的纹理信息时，就只能使用 PS 来修改，其他PBR材质绘制软件是无法完成的。再如，国内普遍盛行的降低游戏开发制作成本的"换皮"，就是把模型的贴图重新绘制若干版本，再导入到原来的模型中，这些贴图就是游戏中所谓的"皮肤"，而整个绘制过程也只能在PS中完成。因为PS是传统的二维图像处理软件，而模型的贴图（PNG、JPG、TIFF、TGA、DDS等）也正是二维图像格式的，所以它在游戏动画模型制作过程中的地位从某种程度上讲是不容易替代的，只是使用的频率不如过去那么密集了。

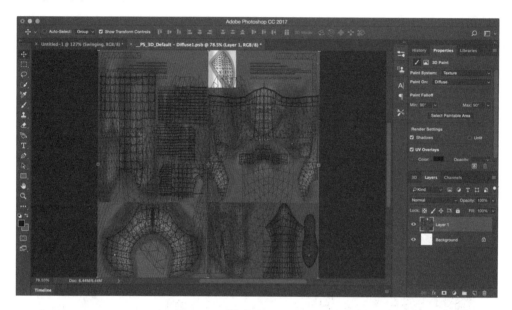

图 5-1-27

最后，关于软件与贴图的关系。实际上，使用哪一种软件并不能决定最终的贴图质量，起决定性的因素是用户的美术功底。俗话说"三分模型、七分贴图"，也就是说贴图占主要部分。模型做得好坏与否并不能明显地在游戏引擎中体现出来，但贴图的质量就能直观的反应出整体效果，所以贴图是一定要画好的。网游里一般都是底面数模型，很多结构都不是模型做出来的，需要表现在贴图上。比如盔甲上有一些宝石或者花纹之类的结构，这些都是需要画在贴图上的，要把光影关系和色彩表现对，让人一看就知道是什么。不光要画好结构的光影，还要画好模型整体的光影。还有就是质感，装备是金属的，还是皮革的，还是其他材质的，这些都是需要在贴图上画出来的。除此以外，如果是角色类模型，一定要对人体结构有一定的认识。人体看似很容易，其实还是要多练，结构和比例比较复杂。一般游戏公司里都有标准的角色模型。总的来说软件不是最重要的，美术功底本是最重要的。从业者需要一定的素描基础和色彩基础。

5.1.5　相关名词和概念

1.PBR

PBR的全称为Physically-Based Rendering，意为基于物理的渲染。它是一种能对光在物体表面的反射提供精确渲染的方法，其核心技术是将高光范围、高光强度、高光颜色、反射强度、反射模糊等统一合并为金属强度和光滑强度，如图5-1-28所示。PBR相对于传统的次时代流程有很大区别。PBR是基于物理的真实模拟，相对于基于传统美术的高光图，具有量化的功能，更容易在不同环境下调整对应的效果。此外，PBR对于环境具有一定的依赖性。例如，在使用不同环境贴图来比较时会发现PBR贴图能根据场景的变化很好的反应材质的不同效果，而传统高光图只显示灯光颜色和亮度参数。相对于PBR的表现流程而言，传统高光图的流程相对繁琐。例如：制作一个传统的金属物体贴图需要在颜色贴图的基础上另外再做一个材质球。而使用PBR流程只需要一个诸如AiStandardSurface材质球就能实现。

　　PBR贴图已成为近年来逐渐流行的行业新规范，其格式为sbsar。主要包括颜色贴图、粗糙度贴图、金属度贴图和法线贴图这四个类型，有些还有发光贴图和透明贴图。

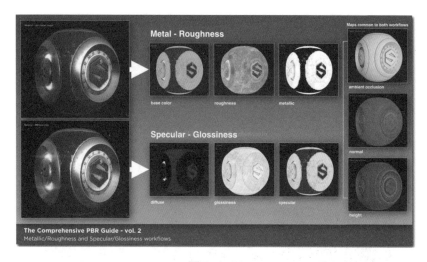

图5-1-28

2.传统流程的常规四张图

　　相对于次世代最新PBR材质游戏的贴图规则，传统游戏行业一般需要颜色贴图、法线贴图、高光贴图和AO贴图，如图5-1-29所示。

　　（1）颜色贴图（Color Map）：颜色贴图又称漫反射贴图（Diffuse Map），主要使用带有颜色纹理等信息的图片来替换基本的固体漫反射色，用来重建基于现实世界、材质逼真的数字材质，任何常规图像格式都可以映射到颜色贴图通道上。它的作用是给模型上颜色，表现出物体表面的反射和表面颜色，可以通过PS等二维图像软件绘制。

　　（2）法线贴图（Normal Map）：在原物体的凹凸表面的每个点上均作法线，通过RGB颜色通道来标记法线的方向，你可以把它理解成与原凹凸表面平行的另一个不同的表面，但实际上它又只是一个光滑的平面。对于视觉效果而言，它的效率比原有的凹凸表面更高，若在特定位置上应用光源，可以让细节程度较低的表面生成高细节程度的精确光照方向和反射效果。它的作用是模拟出高模上的一些细节纹理，特别是将高模上的圆滑和粗糙度投射到低模上，让低模也有高模的效果。

（3）高光贴图（Specular Map）：高光贴图是反应光线照射在物体表面的高光区域时所产生的环境反射，它的作用是反映物体高光区域效果。高光贴图包括物体不同位置的高光的范围大小和高光亮度，对于有金属质感的物体来说，高光贴图是体现质感的一个非常重要的步骤。高光贴图对于强化凹凸贴图的凹凸感有很大的帮助，可以创造出更加细腻、真实的感觉。通常情况下，我们可以用颜色贴图为基础制作高光贴图。

（4）环境光遮蔽贴图（AO Map）：一般称 AO 贴图，AO 是指 Ambient Occlusion，表示环境光吸收，它提供了非常精确和平滑的阴影，就好像是全局照明的结果，可以在游戏光照不够丰富的情况下模拟出复杂受光环境。它主要能改善阴影，给场景更多的深度，真正有助于更好地表现出模型的所有细节。

图 5-1-29

3.PBR 流程的三张图

PBR 流程的三张贴图主要指颜色贴图、粗糙度贴图和金属度贴图。

（1）颜色贴图（Albedo Map）：这里的颜色 Albedo 贴图和上面的漫反射 Diffuse 贴图有一定的区别，它是一张 RGB 图，包含有金属反射率和电介质的漫反射颜色信息。与传统的 Diffuse Map 相比，Albedo Map 的色调更平缓，对比度更低。并且，因为 Albedo Map 中带了金属的反射率值，所以要配合金属度贴图（Metallic Map）一起使用，而传统颜色贴图本身包含材质固有信息，在连接到颜色通道后就直接显示出来。

（2）粗糙度贴图（Roughness Map）：粗糙度贴图是反应物体表面粗糙程度的贴图，通常是一张黑白图，其本质是控制了反射的强度。越黑意味着粗糙度越大，反射强度越弱。越白意味着粗糙度越小，反射强度越大。粗糙度对于漫反射的影响视觉上不大（漫反射在物体内部产生），但是对于镜面反射就有较大的影响。因为如果微表面越粗糙，光线对于这些面对入射角就越不一样，反弹后的角度也越不一样，视觉上就会产生越模糊的反射。

（3）金属度贴图（Metallic Map）：金属度贴图是反应物体表面金属覆盖率的贴图，也是一张黑白图，白色表示金属，而黑色表示非金属，其本质是控制了金属的覆盖范围。金属的反射颜色是由颜色贴图中的颜色决定的。

4. 传统着色流程与 PBR 着色流程对比

传统着色流程与 PBR 着色流程的区别究竟是什么？我们知道传统游戏行业在表现物体金属材质（具有反射效果）时是通过颜色贴图来表现物体质感，高光贴图来表现物体高光的，这种逼近真实物理光照的渲染效果是通过贴图来实现的，会有一种不真实感。而 PBR 着色流程的核心是通过材质球本身的物理特性来表现真实效果，它充分利用了材质球各种参数的特性，依靠环境反射出不同效果。

图 5-1-30

图 5-1-30 就是一张传统着色流程图，我们看到它的颜色贴图是带有阴影的。而图 5-1-31是 PBR 着色流程，我们看到它的颜色贴图是不含阴影的，是"平的"。所以，在着色方面，PBR 与传统颜色贴图的最大区别在于"阴影"，在传统着色流程中，通常在绘制这张 Diffuse Map 的时候会把阴影信息也绘制进去，而在 PBR 着色流程下，所使用的基础纹理是不带光影信息的。除此以外，传统着色中的 AO 贴图提供了更加精确平滑的阴影，而 PBR 则是通过粗糙度贴图配合环境光照来控制物体表面反射后的阴影。同样，高光贴图由金属度贴图替代。

图 5-1-31

我们可以将贴图间的关系总结为 Diffuse Map–shadow/texture info=Albedo Map，AO Map=Roughness Map+reflective info,Specular Map=Metallic Map+reflective info,即漫反射贴图去掉阴影和材质信息等于PBR颜色贴图，环境光遮蔽贴图等于粗糙度图加上环境反射信息，高光贴图等于金属贴图加上环境反射信息。这里只是从功能上对两种着色流程进行了一个简单的划分，可以理解为PBR着色流程是依赖材质固有属性和周围环境的一种基于物理现实的渲染流程。

▪ 5.2 传统贴图绘制流程

在绘制传统模型贴图时有一个基本流程，简单来说可以拆分为：导UV—分图层—材质层—绘制层，这个过程是在Photoshop上进行的，制作完成的图链接在材质球的颜色（color）通道上，而法线贴图（Normal map）是链接在Bump通道上的。这里我们可以通过第三方软件如Crazy Bump或者Shader Map来置换成法线贴图，使模型表面更加生动。下面让我们开始绘制吧！

5.2.1 准备工作

打开Photoshop **Ps**，这里使用CS4版本，需要说明的是在绘制贴图过程中软件版本并不影响最终效果，因为需要用到的一些基本功能都是差不多的，并不会因版本的不同而带来功能上的差异，材质分辨率、叠加方式及绘制手法才是影响最终效果的重要因素。

首先，安装数位板驱动。新建一个500×500像素的空白文档，如图5-2-1所示。按B键选择画笔工具，然后右击弹出笔刷缩览图，如果这里显示的画笔是两头尖中间粗，或者画上去有深浅变化则说明驱动已经安装过了，如图5-2-2所示。用户可以从数位板的背面来查看具体型号，在网站上找到对应的驱动进行下载安装。为何需要安装驱动呢？因为数位板的压感能够方便地将轻重变化绘制在图层上，带来想要的效果。

其次，准备素材。这里我们需要材质贴图若干张，包括肌理图、锈迹图。在选择这些图时需要注意以下两点：

（1）分辨率大小。一般UV的分辨率为2048×2048，如果贴图的分辨率不大，则需要进行对称复制，否则会显得十分粗糙。所以在选择素材时一定要尽可能选择分辨率高的贴图。

（2）纹理分布均匀。考虑到对称复制的关系，如果贴图左右两侧的纹理排列不一致，则会使得复制后的图片有奇怪纹路，这样的贴图不适合做纹理。所以，最好选择纹理均匀的贴图。

最后，工程文件夹。这里需要将之前创建的工程目录归档。通常在制作一些小型文件时，不需要贴图、UV等信息的情况下，不需要创建工程目录。但是，如果涉及较为复杂的文件，如高低模、材质贴图、UV、参考图、PBR材质信息等等一套文件集合时，就需要创建工程目录来管理它们。

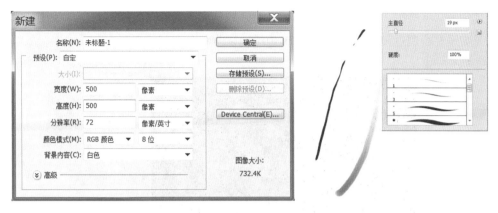

图 5-2-1   图 5-2-2

我们将素材贴图统一放入 sourceimage 文件夹，同时将模型的 UV 导出到 images 文件夹。选择模型，打开 UV 编辑器，选择"图像"—"UV 快照"（图 5-2-3），在弹出的 UV 快照选项中找到对应的 images 文件夹，保存为 UV，格式 PNG（透明通道），分辨率默认 2048×2048，点击应用并关闭，如图 5-2-4 所示。

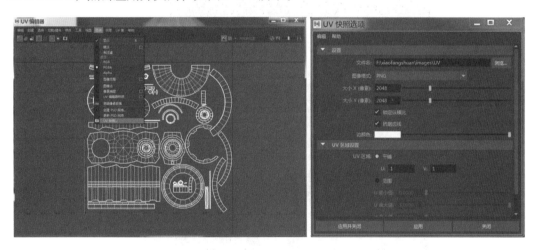

图 5-2-3   图 5-2-4

5.2.2 绘制流程

打开 Photoshop，将 UV 拖进来，这里我们得到一个透明的线框图，如图 5-2-5 所示。接下来需要通过建立各种叠加效果的图层来做出理想的效果。这里我们简化成 UV 层、底图层、材质层、锈迹层 4 个图层。

"底图层"：创建一个黑色的背景图层，将 UV 层置顶，并重命名图层。现在，我们需要将 UV 区域和背景区分开来。在底图上添加一个叫"colorblock"的红色图层，在 UV 层上使用"魔棒"工具（勾选连续），这样我们就将空白区域选择上了。现在，在菜单栏上执行"选择"—"修改"—"收缩"，收缩 1 像素。再回到红色图层，按 Del 键将空白区域删除，如图5-2-6所示。注意：用红色填充UV区域是为了方便后期不同材质的绘制，收缩1像素是为了在绘制过程中尽量覆盖到UV边缘，以防贴图穿帮的现象。

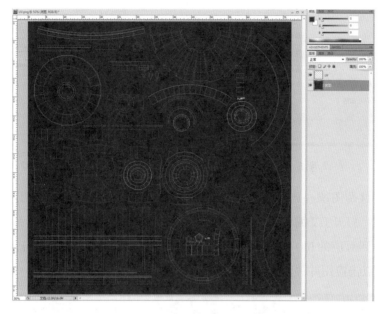

图5-2-5

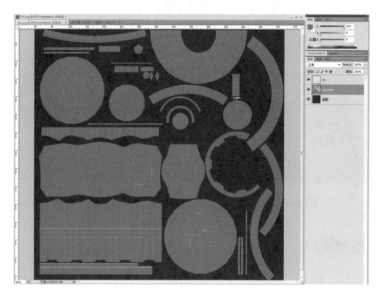

图5-2-6

"材质层"：在sourceimages文件夹里选择xiu.jpg拖进来，并置入到UV.psd，如图5-2-7所示。我们将该图等比例缩放复制，来增加纹理细节。按Ctrl+T缩放工具，按住Shift键缩放至画幅一半，然后按住Alt键拖动复制一张，再Ctrl+T缩放工具将其水平翻转，这样拼接的图片可以避免重复图片左右两边的接缝问题，将这两个图层合并，如图5-2-8所示。这样，我们就得到了一张细节丰富的材质层，我们将其命名为texture，如图5-2-9所示。最后，同理底图层的删除空白区域操作来处理UV外的区域。注意：在素材分辨率不高的情况下可以使用"Topaz Gigapixel AI"等智能修图软件来提高图像分辨率。另外，介于UV的分辨率为2048，所以素材的分辨率也不能低于2048，以免造成模型贴图太糊的情况。

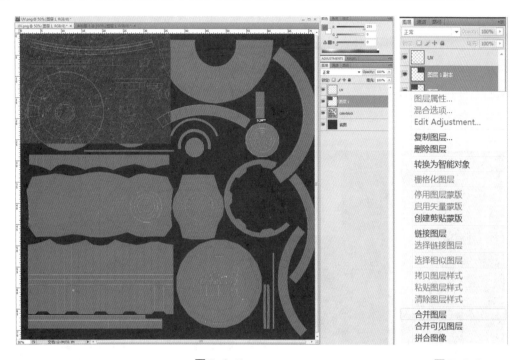

图 5-2-7   图 5-2-8

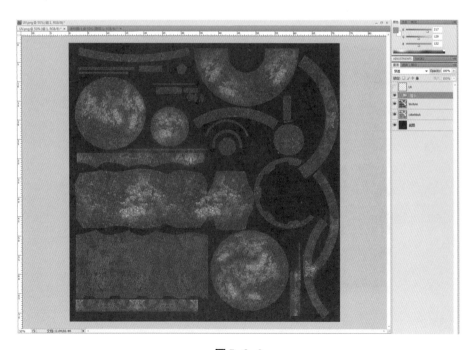

图 5-2-9

"锈迹层"：在适当位置添加一些锈迹来丰富模型整体质感，将xiu2.jpg拖进来，同理材质层的处理方法进行缩放，放置在圆柱UV区域。这里可以使用硬度为0流量70的"橡皮擦"将锈迹层的边缘及空白处虚化，如图5-2-10所示，以便更好地融合。再将xiu3.jpg拖进来，放置在冒顶和栓口的位置，这里可以按照氧化的区域来擦除多余部分，也可以通过"选择"—"色彩范围"吸取对应颜色来删除。使用套索工具将需要的部分圈出，再复制到其他区域，如图5-2-11所示。最后将xiu4.jpg拖进来，调整大小放置在边角区域。这样我们就得到了一张带有锈迹层的图，但是介于素材固有色差原因，最后需要在色相、亮度等属性里进行调整，以达到颜色统一，如图5-2-12所示。

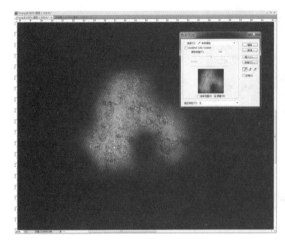

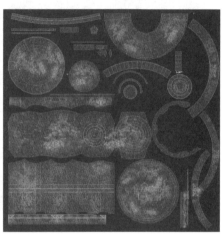

图 5-2-10　　　　　　　　　　　　　　　图 5-2-11

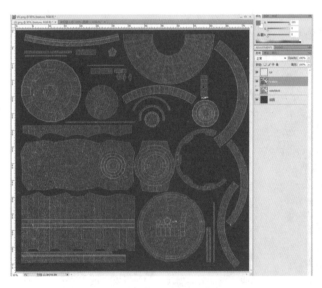

图 5-2-12

注意：在擦除多余区域时，可以将笔刷大小调至合适范围，配合数位板点击空白区域来擦除。传统贴图绘制流程中还需要进行手绘画出特定效果，这里就省略了。

最后，我们需要将其保存为jpg格式导入Maya中查看效果。创建一个Blinn材质球，将该图链接到颜色通道。选择模型，按住右键，在弹出的菜单上选择指定新材质（图5-2-13），然后在材质编辑器中选择Blinn材质球（图5-2-14）。点击颜色通道后面的棋盘格，在创建渲染节点选择"文件"（图5-2-15），点击"图像名称"后面的文件夹（图5-2-16），将我们的贴图链接上去。

图5-2-13　　　　　　　图5-2-14　　　　　　　图5-2-15

图5-2-16　　　　　　　　　　图5-2-17

注意：保存图片时不要勾选UV层，模型需要删除历史记录（图5-2-17）后才能在属性编辑器的最右侧显示。

现在，按一下"6"键和"3"键，我们就能查看当前平滑模式下的贴图效果。这里可以将镜面反射着色下的镜面反射颜色调低一些。目前总体效果还行，但是模型的质感还不够，这是因为模型没有表面粗糙度而造成的。我们需要一张"法线贴图"来增加质感。在这里介绍一个第三方软件Crazy Bump，它能够将普通的位图直接转换成法线贴图。这里使用1.1Demo版本，打开软件，点击左下角的Open，然后点击第一个Open photograph（图5-2-18），这里有凸起和凹陷两种模式，我们选择凸起（图5-2-19），然后在弹出的界面将Intensity（强度值）设置为20（图5-2-20），这样表面会凸起的柔和一些。最后，点击Save Normals to file,将该图保存至images文件夹。

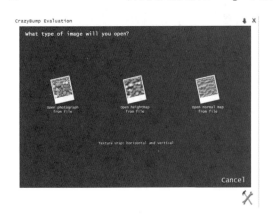

图5-2-18

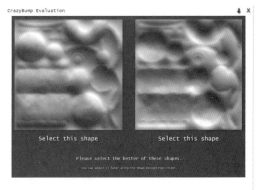

图5-2-19

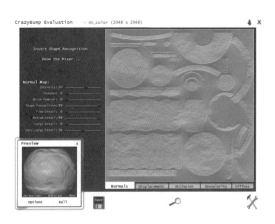

图5-2-20

现在，我们需要将该图链接到Blinn材质球的"凹凸贴图"通道上，点击"凹凸贴图"后面的棋盘格，创建渲染节点选择"文件"，然后将该窗口"2D凹凸属性"中的"用作"—"切线空间法线"中的"凹凸深度"设置为0.5。切换到file2面板，在"图像名称"中将该图链接上去。注意：这里我们需要将"颜色空间"选择为"Raw格式"（图5-2-21），这样看起来就自然了，如图5-2-22所示。

以上就是传统贴图的绘制流程，我们主要使用Photoshop和Crazy Bump来做模型的颜色贴图和法线贴图。对于传统三维动画游戏模型而言，在PS中手绘贴图是传统绘制的必经之路，无论行业发展到什么程度，Photoshop的作用始终是无法代替的。

 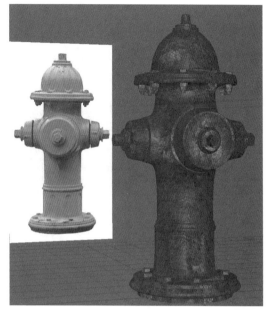

图 5-2-21   图 5-2-22

课后练习

　　请使用传统绘制贴图方法将你做的硬表面模型画上贴图，软件不局限于 Photoshop，并思考传统手绘的应用类型。

5.3 Substance Painter 绘制流程

　　目前，PBR 贴图流程是游戏行业主流工作流程，特别是在制作相对真实的项目文件时。Substance Painter 可以将 4 张常规图一并导出，不需要任何第三方软件，是一种较为便捷的工作模式。这里我们以消防栓模型为例来简单介绍一下它的绘制流程。

5.3.1　准备工作

　　在开始绘制之前我们需要做一些准备工作。首先，需要将模型导出为 OBJ 格式。这里我们将模型还原默认 Lambert 材质，然后在"文件"—"导出当前选择"窗口的文件类型选择 OBJexport，如图 5-3-1 所示。其次，可以在 images 文件夹下再创建一个"SP"文件夹用以区分传统贴图，如图 5-3-2 所示。

5.3.2　绘制流程

　　我们打开 Substance Painter，这里使用 7.1.1 版本。首先，在"文件"—"新建"的新

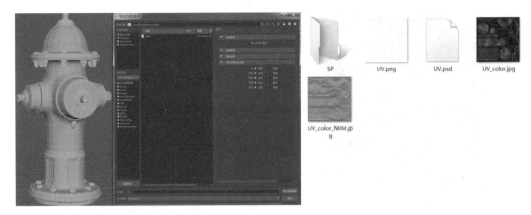

图 5-3-1   图 5-3-2

项目窗口的模板选择 "PBR – Metallic Roughness",文件选择 "hy11.obj"(低模),文件分辨率为2048,点击OK,如图5-3-3所示。在Substance Painter的界面里,我们发现模型显示为原始状态,而非平滑模式。在这里我们先简单介绍一下菜单分布,如图5-3-4所示。Substance Painter的界面布局和PS很像,上方为菜单栏,左侧为工具栏,右侧为图层和属性编辑栏,中间为工作区,只是在下方增设了材质库查看窗口(新版已挪至左侧),目的是让用户能有一种画图的体验。同时,工作区的操作模式与Maya的基本一致,大大缩短了上手的时间。

    Substance Painter的工作流程很简单,在模型分类方面只认材质ID信息,如一个模型的3个组件用了3种材质,那么在右上角的"纹理集列表"就会显示3种(shader),在三维窗口就可以分别选择这3个组件;在模型图层方面是通过叠加图层的方式绘制的,原理和PS一致,只是增加了一些物理绘制、智能材质、法线画笔、Alpha映射等工具;在贴图导出方面是通过"烘焙贴图"预设来实现的,Substance Painter有各种软件或游戏引擎的PBR贴图预设类型,烘焙好模板后就可以开始在模型上绘制各种材质,而最终导出的贴图类型就可以选择其中一种预设。所以,总体来讲Substance Painter的工作流程全部在本体中解决,不需要任何第三方软件辅助,是十分便捷高效的。

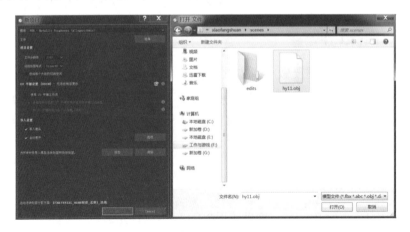

图 5-3-3

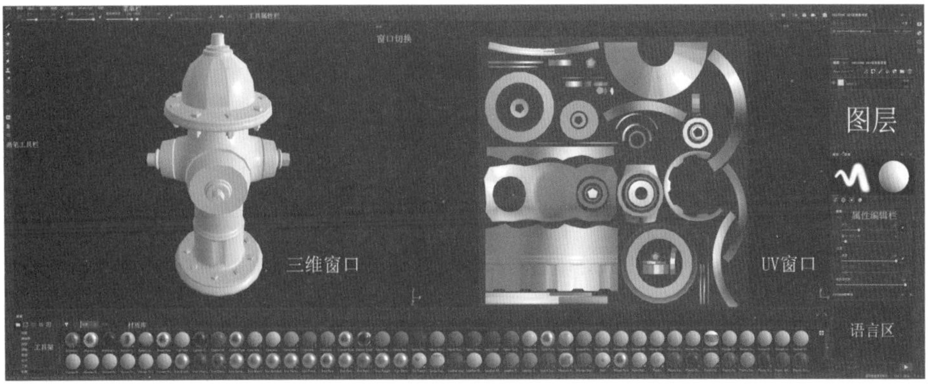

图5-3-4

现在，我们开始进入绘制流程。首先，进行PBR烘焙。在图层窗口的“TEXTURE SET纹理集”设置的下拉菜单中选择“烘焙模型贴图”（图5-3-5）。在烘焙面板中，通用参数—输出大小：2048，然后点击“烘焙initial”（图5-3-6），然后就会多出法线、Space normal等贴图（图5-3-7）。

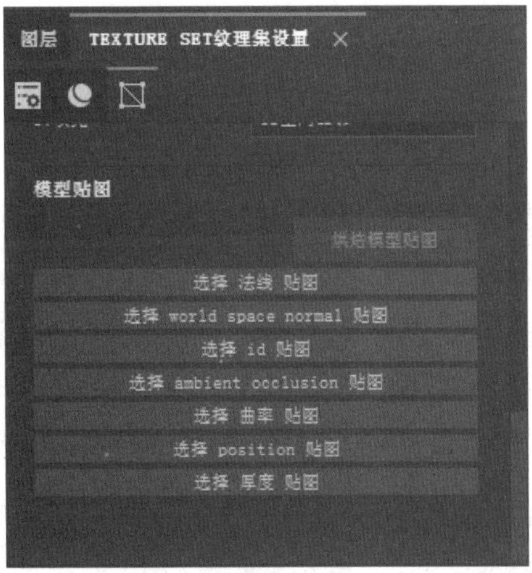

图5-3-5

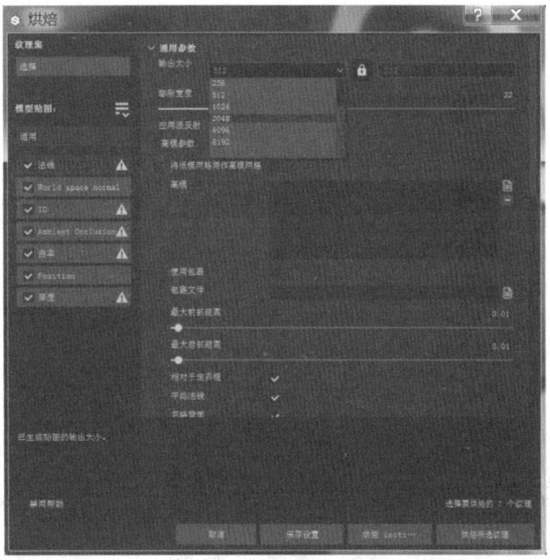

图5-3-6

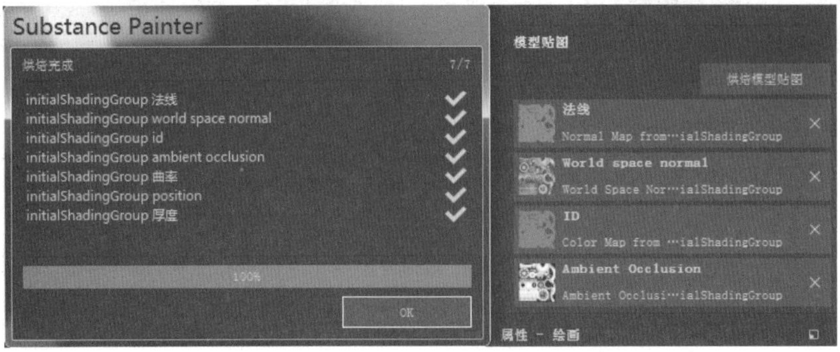

图5-3-7

其次，材质阶段。切换到图层，我们在工具架上找到智能材质，在材质库中选择一个合适的锈迹材质（Steel Painted Worn），自动赋予到模型上。注意：如果我们给到的材质不是想要的效果，可以 Ctrl+Z 撤销，或者在图层窗口将对应的材质层删除。操作方法：选择该层，点击垃圾桶按钮删除图层，如图 5-3-8 所示。现在，我们可以对当前材质进行编辑，首先更改基础颜色，点击文件夹按钮展开组，然后再点击 Paint 图层的文件夹展开子组，如图 5-3-9 所示。找到 Shiny Paint，在属性编辑栏选择材质，点击 base color，更换一个饱和度较高的红色。其他属性的固有色如 Rust 层需要点击颜色图标，找到对应参数进行设置。注意：有些图层如 Worn Paint 没有勾选 color、height、rough、metal，所以没有相关属性显示。我们可根据需要进行勾选，如图 5-3-10 所示。

Substance Painter 有许多常用快捷键，例如 F1、F2、F3 分别为 3D 与 2D 视图切换，F 键聚焦显示，M 键材质显示，C 键不同贴图切换，Shift+ 按住右键不放，并左右移动鼠标为调节背景光角度，Alt+ 左键点击遮罩为单独显示遮罩，Shift+ 左键点击图层遮罩为停用遮罩，1 笔刷、2 橡皮擦、3 映射、4 填充、5 涂抹、6 克隆，X 键为黑白遮罩切换，P 键为吸色等等。同时，鼠标滚轮的放大缩小视窗与常规操作相反，刚上手需要适应一下。

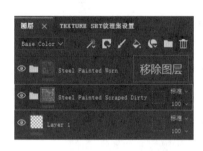

图 5-3-8　　　　　　　　图 5-3-9　　　　　　　　图 5-3-10

现在，我们得到了一个磨损的材质，如图 5-3-11 所示。我们可以再添加一些新的锈迹效果。点击 "Steel Rust Surface" 材质球创建一个新的材质，该材质会覆盖到原材质上，此时我们可以将它的混合模式改为正片叠底，透明度为 0，如图 5-3-12 所示，这样我们就得到了一个金属混合效果。进一步的可以将该组中的相关金属属性降低，以达到融合的效果，如图 5-3-13 所示。

图 5-3-11　　　　　　　　图 5-3-12　　　　　　　图 5-3-13

图 5-3-14

然后，透明贴图阶段。现在我们可以利用一些透明贴图，如使用"脏迹"来丰富效果。首先，我们添加一个填充图层，将固有色调成黄铜色，设置金属度0.9、粗糙度0.6、高度0.17，如图5-3-15所示。然后在填充图层上右击添加一个"黑色遮罩"，这样该图层就消失了。接着选择黑色遮罩右击选择"添加填充"，如图5-3-16所示。再在"脏迹"里选择一张合适的贴图（Grunge Stains Leak，图5-3-14）拖到"灰度"栏，这样生锈的效果就有了，如图5-3-17所示。注意：在选择透明贴图时一定要选择黑色底的，因为在三维世界中存在"黑透白不透"的原理，即黑色代表透明，白色代表不透明。这样白色斑点在这里就是黄色锈迹的样子。最后，我们调整UV转换比例1、Balance0.3和Contrast0.06，同时添加一个锐化的滤镜来达到一个理想状态，如图5-3-18所示。

最后，导出与保存。现在我们需要将材质贴图导出，点击"文件"—"导出贴图"，在导出纹理窗口，将输出目录改成工程目录下images—SP（图5-3-19），导出。最后，将文件另存为hy11.ssp到该目录（图5-3-20），这样Substance Painter贴图绘制流程就完成了。注意：在"输出模板"中有许多预设，根据不同项目要求会输出不同类型的贴图，这里我们可以选择PBR Metallic Roughness预设（图5-3-21）再导出。

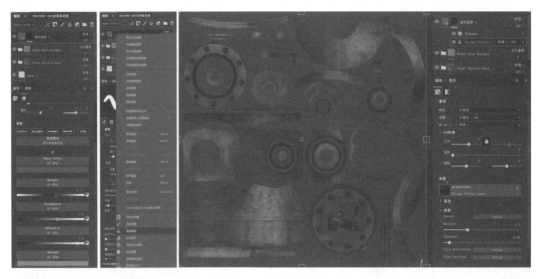

图 5-3-15　　　图 5-3-16　　　　　　　图 5-3-17

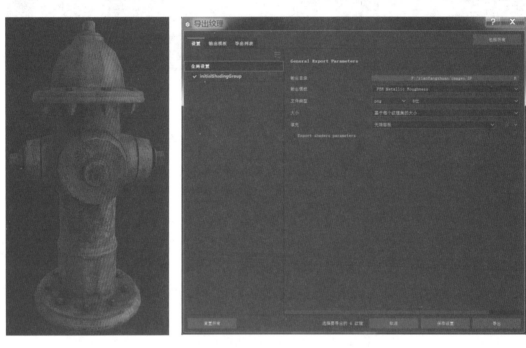

图 5-3-18　　　　　　　　　　　图 5-3-19

　　通过上述学习，我们对如何制作硬表面模型有了一个初步的了解。从基本操作到常用多边形建模工具再到如何给模型上材质，走完该流程后相信同学们已经开始熟悉 Maya 及相关软件的操作习惯。

图 5-3-20   图 5-3-21

课后练习

请使用 Substance Painter 绘制流程将你做的硬表面模型画上贴图，并思考 PBR 材质的应用类型。

第6章 多边形建模（布朗熊）

6.1　生物类建模与布线规律

在三维世界里，我们将有生命的物体称为"生物类"。不同于硬表面棱角分明的大直线结构，生物类模型一般都是由符合生物生长结构的曲线构成。我们在处理这类模型时往往需要根据它的固有结构来进行布线，如图6-1-1所示，而隐藏在建模背后的一套规律就称为"布线规律"。那么，布线与模型之间有什么内在联系呢？制作模型线框的过程叫作"布线"，研究布线其实就是研究建模的过程。因为线控制着面而面包含着线，线有自己存在的理由。他可以是一个外轮廓，也可以是一个内部的转折，抑或是两个面的交界。每一根线都是为了更好地表现结构和形体而存在的。例如，三条平行线可以成为两个平面的交汇，形成一个夹角，在面数有要求的前提下，这样就能表现一个凸起了，不需要用到四根或者更多。同样，四条平行线能够产生更丰富的变化，做成一个拱形能够表现四肢的突出骨骼，做成Z字形能够表现布纹的起伏，如图6-1-2所示。其实，布线就是一个类似搭积木的智力游戏，谁能够用更少的线搭出更加准确的积木来，谁的本领就越厉害。这在做高标准的中低模型时尤为重要。布线的另外一个重要的功能是控制结构的走向。例如，一个简单的人的嘴唇就并不是两个半弧形的组合，上嘴唇有他固有的结构特征。从人中往下部分是一个带有弧面的倒三角凸起，向两侧的内侧延伸至嘴角处向内收起，且向内的弧度较大于下嘴唇，如图6-1-3所示。可见要想做好模型首先要会观察自然界的事物。而走线就是在走面，按照结构来走或者在线框中调节点对应结构的位置，才能将模型制作出来。所以说，布线与模型的第一层关系就是结构关系。

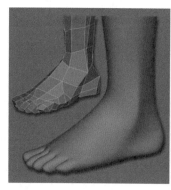
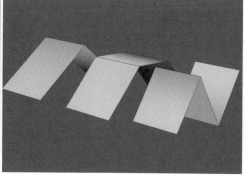
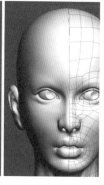

图6-1-1　　　　　　　　　　　图6-1-2　　　　　　　　　图6-1-3

那么，除了结构之外，布线还决定着模型的哪些因素呢？在模型完成之后要给它穿上衣服，就是所谓的贴图部分，通过图层之间的叠加和调整从而达到最终的效果，如图6-1-4所示。贴图都是要通过UV展开的，把线框通过一定的映射方式展开就是UV。所以说，贴图就是线框的平面展开图，而同一个模型的不同布线就决定了他们有不同的展开图，对后面的具体绘制有一定的影响。例如，在一个手臂上要绘制一张龙纹的图案，假设手臂的各个关节的布线不均匀，UV展开也不均匀，则会使得龙纹在手臂上不平整，出现一块大一块小的现象。当然，这和模型的展开是否均匀有一定联系，但是基础的布线阶段则是决定 UV 展开走向的前提。所以说，布线与模型的第二层关系就是贴图关系。

图6-1-4

模型可以分成静态和动态两个部分。通常情况下，静态的模型因为不具有伸展性，所以不用考虑其运动方面的情况。动态模型就不一样了，如图6-1-5所示，考虑到运动中的物体是有生命的，在运动过程中每一个关节处以及每一个部位的拉伸都会给模型和贴图造成影响。那么，在传统的布线过程中，这些拉伸就会导致"撕裂现象"，比方说膝盖是腿部的关节，如果以同样的疏密程度去布线和贴图的话，在做抬腿动作时膝盖部位就会拉伸，如图6-1-6所示。所以在关节处要将线分布的密集一些，而在非关节处的线要疏一些，如图6-1-7所示。事实上，这种模型布线的关系不仅仅运用在会动的物体，在机械工程等的复杂的模型上也同样适用。例如，在一个汽车轮胎的凹凸纹路上，拐角处的线需要布的密集一些，因为它是起伏的边界，行业术语叫作"卡线"。若没有进行这样的处理，在后面的高模制作中就会报错。所以这类拐角繁多的模型也是要多做考虑的。

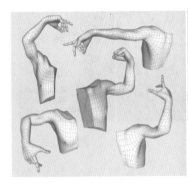
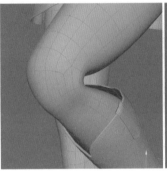
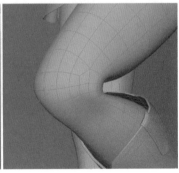

图6-1-5   图6-1-6   图6-1-7

模型依附于线框而存在，所以线框的排布就必须要考虑到这三层关系，在具体的操作过程中还需要考虑到三角面、星面、非平面以及非流形几何面等情况。下面，我们就以一个简单的布朗熊制作为例，来分析建模过程中的具体布线流程。

6.2　生物类建模流程详解实例——布朗熊

我们在具体讲解实例之前需要了解一些基本概念。这不仅有助于我们未来制作模型的高效准确，还能延伸到其他相关领域，扩充我们对这类模型的制作范畴。

首先，制作思路。根据基本体展开的原理，可以先分析一下对象的构成。布朗熊是一个二维的卡通形象，由圆头和身体组成。所以，我们可以选择球体和长方体来作为头和身体的基本体，在分别做好后将其缝合起来。制作过程中用到的工具在之前的章节都有涉及，只是布线过程和展 UV 环节不同。

其次，高低模转换。在低模制作完成后，如果低模面数不高，外轮廓会产生棱角。有两种方法解决：平滑和 GoZ。平滑（smooth）是一种基于细分表面的增加，在保持原有模型的基础上提高面数。GoZ 是 Maya 与 ZBrush 之间的一个快速通道，通过 GoZ 可以直接将模型在 ZBrush 中打开，雕刻完成后再 GoZ 回去。当然，这两种方式都在布线正确的前提下进行。

最后，材质与渲染。这类卡通模型可以用更改材质的固有色来实现，并通过 Arnold 渲染器查看最终效果。下面，就让我们开始布朗熊的制作吧！

6.2.1　工程目录设置

在具体制作前按照惯例，我们需要创建工程目录。在 D 盘中新建一个 bear 的文件夹。打开 Maya，在"文件"—"设置项目"关联该文件夹并创建默认工作区，然后在项目窗口中点击接受，如图 6-2-1 所示。我们把四张参考图放入 SourceImages 文件夹，如图 6-2-2 所示。

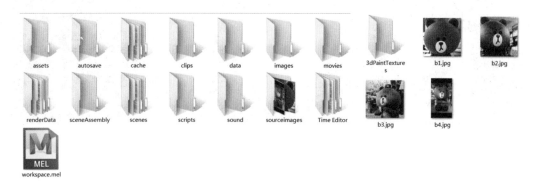

图 6-2-1　　　　　　　　　　　　　　　　　　　　图 6-2-2

6.2.2　导入图像

切换到正视图（front-Z），然后在视图菜单中选择"视图"—"图像平面"—"导入图像"中选择 b1.jpg。同理，在侧视图（Side-X）将 b3.jpg 导入。调整大小和位置后给两张图创建一个图层并锁住，如图 6-2-3 所示。注意：我们需要给模型预留一些空间，图片放置在网格外围。

图6-2-3

6.2.3　基本体创建与设置（头部）

现在创建一个球体。在工具架上点击球体，按住Shift键拖动，这样就创建出一个球体。在属性通道栏将平移X、Z坐标归零，在"输入"—"Poly Sphere1"将轴向细分数和高度细分数设置为12，如图6-2-4所示。

注意：这里设置12段是因为需要考虑轴对称模型的中线问题，同时初始面数不宜过高，所以设置为12。现在观察一下对象。在正视图的线框模式下，布朗熊头是略微有些扁的（侧面同样），应用缩放工具单轴向调整至与参考图一致。

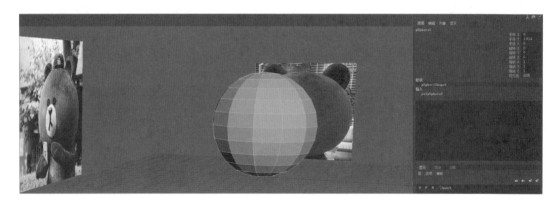

图6-2-4

6.2.4　对称挤出

现在我们可以先把大形做出来。布朗熊的耳朵在脑袋中线后侧，是一个扁扁的半圆形。所以，我们可以先将这个形状挤出来。在挤出之前，可以将状态栏上的对象X对称激活，并将需要挤出的面在点模式下调整为一个长方形，如图6-2-5所示。现在选择挤出工具，这时我们发现原有的手柄不见了，如图6-2-6所示，这是因为对称模式下的挤出并不完全显示功能，把对称X取消后就可以恢复了，如图6-2-7所示。

注意：此时虽然取消了对称，但该面是在对称前挤出的，所以互动式对称功能仍然保留。

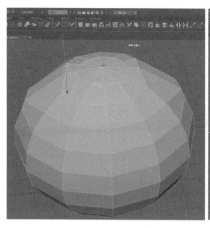

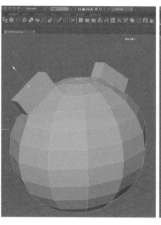

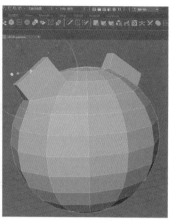

图6-2-5　　　　　　　　　图6-2-6　　　　　　　　　图6-2-7

现在，我们再挤出两层，同时缩放做出一个半圆的效果。切换到正视图，对齐耳朵的外轮廓，如图6-2-8所示。现在，我们将耳蜗部分挤出来。选择耳蜗的面，挤出时按住黄色的方块拖动，会发现该面的外轮廓变形了，如图6-2-9所示。这时需要Ctrl+Z撤销回去，点击旁边的小开关切换到中心点模式再挤出，如图6-2-10所示。然后，按一下G键，再向内挤出两层，这样耳蜗部分就做好了。最后，可以在平滑模式下再调点对齐。注意：挤出缩放时可以按住单轴向的方块拖动，挤出位移时可以按住单轴向的箭头拖动。

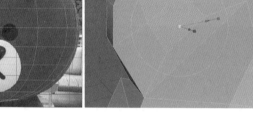

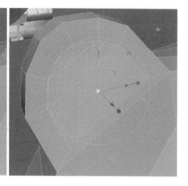

图6-2-8　　　　　　　　　图6-2-9　　　　　　　　　图6-2-10

　　总结：对称挤出其实是利用了互动式对称功能完成另一侧的调整。但是，由于挤出过程并不方便，且功能显示不完善等问题，往往很少使用，只在调点时会使用该功能。一般情况下，在制作轴对称模型时，我们只需要做一半，另外一半通过镜像来完成。

6.2.5　布尔运算

现在我们开始制作眼睛部分。布朗熊的眼睛是一个凹陷的圆形，可以通过布尔运算将其抠出。布尔运算分为交集、并集和差集。这里使用差集，差集是将两个物体交叉部分切开，保留主体。那么，我们需要先分析一下，交叉部分的段数设置多少合适呢？这里需要根据主体的段数来判断，创建一个圆柱体，轴向细分数默认为20段，我们会发现，作为差集的面太高，设置4段又太少，考虑到与周围的关系我们设置为8段，如图6-2-11所示。

在执行差集命令前，先将这个区域的面空出来（不要有线段的交叉）。同时，尽量将圆柱体旋转至与该面的切线方向，这样运算出的面是平整的。现在选择头部，按住Shift键加选圆柱，点击"网格"—"布尔"—"差集"，如图6-2-12所示，这样我们就得到了一个凹陷的8边形。

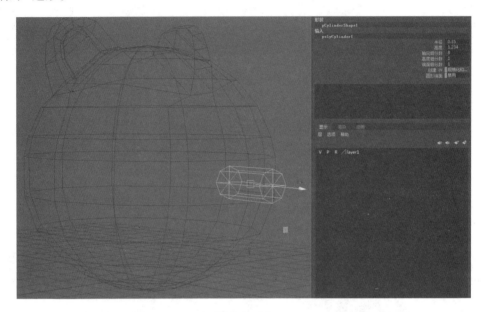

图6-2-11

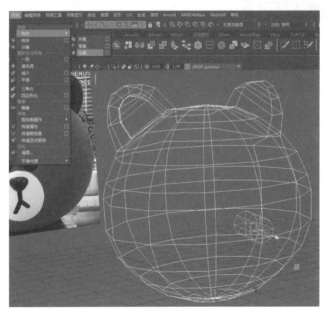

图6-2-12

6.2.6　切线缝合

至此，我们需要将眼睛部分周围的线连起来。选择多切割工具，将眼角的两点连起来，会发现弹出一个洞，如图6-2-13所示。造成它的原因在于眼睛周围没有任何线段与之相连，这里我们可以先在纵轴两端插入两条循环边，将眼角的点连上去，如图6-2-14所示，然后将该面删除，沿着眼睛的底面将它的边挤出。

注意：在挤出边的过程中要按住V键吸附顶点，如图6-2-15所示，逐一将底面的边挤出到相应的顶点。

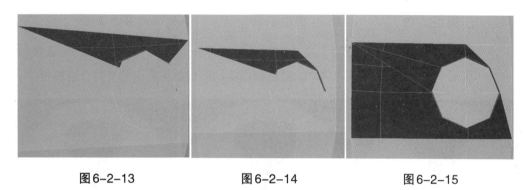

图6-2-13　　　　　　　图6-2-14　　　　　　　图6-2-15

吸附好之后，我们发现有些面是黑色的，如图6-2-16所示。这表示面的法线方向反了，需要选中后点击"网格显示"—"翻转"，如图6-2-17所示。最后，将周围的这些点进行合并（阈值：0.01），如图6-2-18所示。

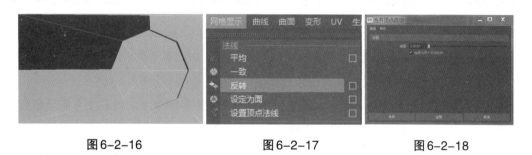

图6-2-16　　　　　　　图6-2-17　　　　　　　图6-2-18

6.2.7　切线与循环边

现在我们开始做脸上凸起的部分。此处是一个圆形凸起结构。当前脸部没有圆形，如图6-2-19所示，这里我们可以利用眼睛下方的线调出一个圆形（镜像）。先调整线的走向（图6-2-20），删除另一半然后镜像（图6-2-21），这样我们就得到一个圆。注意：由于参考图不是一个标准正视图，难免会产生偏差，我们在做参照的时候可以适当调整图片位置。

现在开始做鼻子部分。鼻子是一个枣核状的半球形，需要切出该形状，但是在这个位置没有对应的线做支撑。这里我们可以先将嘴部的线上移（图6-2-22），作为鼻头的线，在此基础上切线（图6-2-23）。

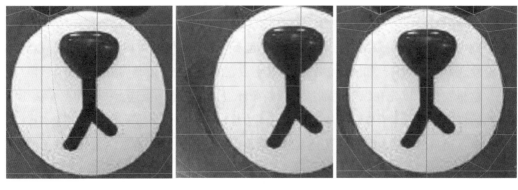

图6-2-19   图6-2-20   图6-2-21

注意：在鼻子周围会出现多于四条边的面，可以将鼻子的点与嘴部边缘的点连接，这样就破解成两个四边形了（图6-2-24）。最后根据嘴的凸起结构将点调整到合适位置。

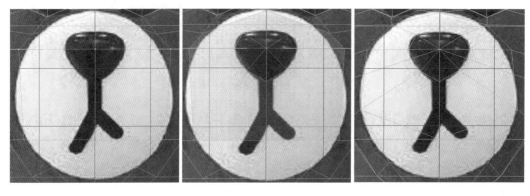

图6-2-22   图6-2-23   图6-2-24

现在我们可以将鼻子的四条中线删除（四边面原理），并将鼻子再挤出一层（图6-2-25），做出凸起结构。同时嘴部内侧再插入一条循环边（图6-2-26）。

注意：这里我们无法直接插入内圆的循环边，需要将鼻子下面的线改变方向。最后将这一圈点调整一下位置，在平滑模式下对齐，如图6-2-27所示。

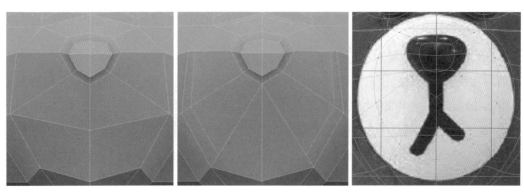

图6-2-25   图6-2-26   图6-2-27

6.2.8 改线与卡线

现在我们开始做嘴的两条线。布朗熊嘴是"人"字的线，可以作为贴图画上去，这里我们可以通过切线改线的方式来制作。首先，从鼻底延两条线出来，将交叉点调整至嘴部分叉位置，我们可以切换到"组件"模式下调点（图6-2-28）。之后，选中嘴角的两条线进行宽度为0.2的倒角（图6-2-29），这样我们就得到了两条粗线。现在处理线头的布线，先删除中间多余的线段（图6-2-30），将两头连接，再将底部的中线删除，横向连一条线（图6-2-31），这样嘴部分叉结构就做好了。

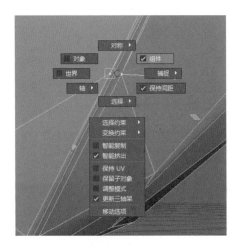

图6-2-28

图6-2-29

图6-2-30

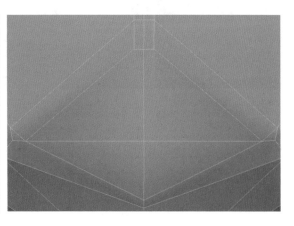

图6-2-31

接下来处理接头部分。线的上端可以向中点连接一条线，形成一个三角面。下端可以将点吸附至外围再合点，这样人字线就做好了，如图6-2-32所示。最后，检查有没有五边面和三角面。这里我们看到了一些五边面和三角面（图6-2-33），这是在改线过程中产生的结构面，可以通过切线调整线的走向的方式解决。例如，从鼻头处连一条线，再将嘴的中线删除，最后将鼻底两点连接起来，就调整完成了。

注意：此时虽然在嘴部的顶端和两端存在三角面，但并不影响模型的整体结构，属于必要的三角面，如图6-2-34所示。

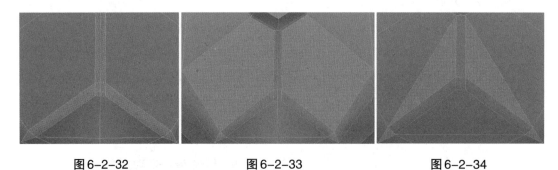

图6-2-32　　　　　　　图6-2-33　　　　　　　图6-2-34

最后，可以在平滑模式下检查。我们发现眼睛和嘴外轮廓的结构线条比较柔和，如图6-2-35所示，可以通过"卡线"的方式将结构收紧。这里分别在结构线两侧插入循环边，无法插入时可以使用挤出工具向内收缩，如图6-2-36所示。当然，"卡线"流程也可以放在展UV之后进行，在此就不再赘述。最后将整个模型的边进行"软化"，我们的头部就完成了，如图6-2-37所示。

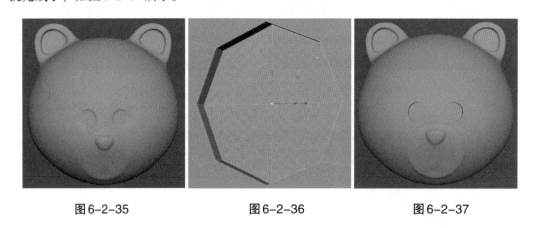

图6-2-35　　　　　　　图6-2-36　　　　　　　图6-2-37

6.2.9　基本体创建与设置（身体）

通过制作头部，我们发觉模型布线的内涵，其实就是"在符合四边面法则的前提下根据对象结构以最少的线段来走线"的原理贯穿多边形建模的始终。现在我们来创建身体部分。

首先，对布朗熊的身体进行结构分析。小熊的身体呈不规则的圆柱状，那么我们在选择基本体时究竟是选择哪一种比较合适呢？通过对比发现，相较于圆柱体而言，小熊的身体更加接近一个削掉四边的长方体。同时，长方体的段数设置为多少合适呢？这里我们需要根据小熊的结构来分析。在正视图里将b4.jpg导入，虽然是坐姿，但是可以看出小熊的腿是圆柱形，手臂是扁扁的，还有一个肚子。综上所述，需要给肚子和四肢预留一些段数，所以我们将细分宽度、高度和深度分别设置为"4、4、3"，如图6-2-38所示。

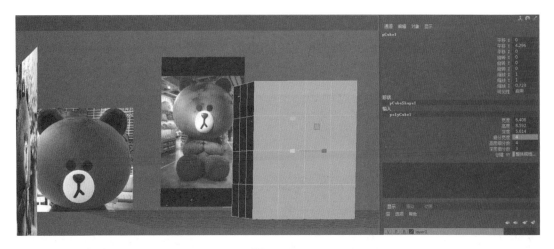

图 6-2-38

6.2.10　软选择

我们先将大形做出来。首先，删除四条外侧边（图 6-2-39）。打开对称选择，在点模式下将点调整为圆角（图 6-2-40）。这里可以在平滑模式下，通过软选择工具来调节。例如，按一下"3"（平滑模式），选中肚脐位置的点，按一下"B"，打开软选择。我们可以按住"B"键和鼠标左键拖动来调整软选择的范围（图 6-2-41），这样调点就能够照顾到周围点的位置了。

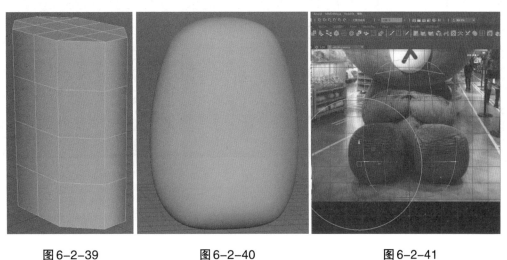

图 6-2-39　　　　　　　图 6-2-40　　　　　　　图 6-2-41

6.2.11　段数

现在我们开始做手臂，手臂位置在肩膀连接脖子的地方，并且是一个长条状。选择肩膀处的面挤出，如图 6-2-42 所示。这里可以设置一下手臂的段数，横向中间插入 3 段（方便运动），纵向中间插入 1 段（挤出手指），如图 6-2-43 所示。然后，我们选中横截面挤出，如图6-2-44所示。

注意：在默认状态下两个相邻的面是连在一起的，需要将"保持面的连接性"关闭。在挤出工具的下方有个快捷面板，选择保持面的连接性，按住鼠标中键向左拖动即关闭了。

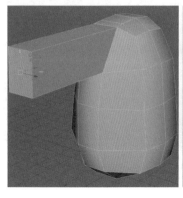 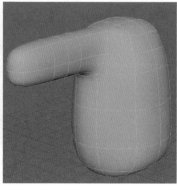 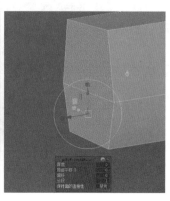

图6-2-42   图6-2-43   图6-2-44

现在，我们按住中间蓝色方块缩放，并拖动蓝色箭头挤出，如图6-2-45所示。最后调整手臂的粗细，并旋转90°垂下来。注意：在将手臂垂下的过程中，可以先选择全部的点，位移状态下按住"D"向右拖动至肩膀位置（中心点位移），如图6-2-46所示。再旋转垂下，同时还需要将周围的点调整至合适的位置，如图6-2-47所示。

 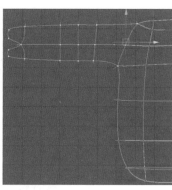 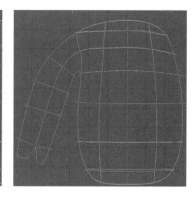

图6-2-45   图6-2-46   图6-2-47

6.2.12　调形

现在我们开始做腿，腿是从身体底部直接生长出来的，我们可以再导入一张b5.jpg。观察底部形状，可以发现是一个近似的圆柱体，而现在模型中是一个半圆，如图6-2-48所示。所以，我们需要将底部先调整成一个圆形。这里可以先切出一个圆形，删除另一半，再调整。

首先，从上下两端到中线连一条线，删除另一半，如图6-2-49所示。在点模式下将底面选中，用缩放工具单轴向挤压到一个平面，然后将底面调整为一个近似圆形，最后将纵向的平行线切出来，如图6-2-50所示。

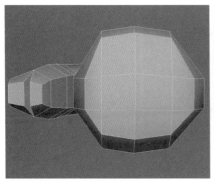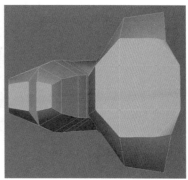

图6-2-48   图6-2-49   图6-2-50

6.2.13 挤出

现在选择底面，挤出两层，如图6-2-51所示。再选中第二层，向外侧挤出一圈，如图6-2-52所示。调点，将脚的形状做出来，如图6-2-53所示。同时将中线与世界坐标中线对齐，如图6-2-54所示。

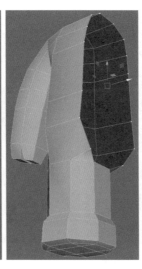

图6-2-51   图6-2-52   图6-2-53   图6-2-54

6.2.14 镜像

现在我们可以镜像了。打开镜像属性栏，参考左下角的坐标轴，我们选择+X轴镜像，如图6-2-55所示。同时将其居中枢轴，恢复中心轴，如图6-2-56所示。最后，将产生的五边面插入循环边连接后补齐，这样身体部分就做好了，如图6-2-57所示。

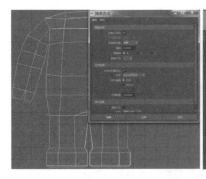

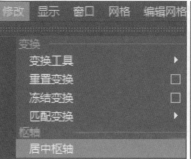

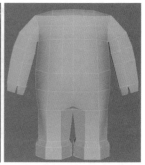

图6-2-55 　　　　　　　图6-2-56 　　　　　　　图6-2-57

6.2.15　软化边

这里我们会发现模型表面产生了许多棱角，这是由于硬边造成的，可以进行软化边。按住Shift键右击拖动，选择软化边，如图6-2-58所示。然后，根据参考图将头部与身体的比例统一，如图6-2-59所示。

注意：调整大形时可以打开对称，在点或面模式下整体调节，一些明显凸起于表面的点需要收进去，如图6-2-60所示。

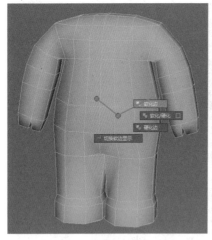

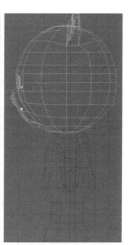

图6-2-58 　　　　　　　图6-2-59 　　　　　　　图6-2-60

6.2.16　缝合

现在，我们开始将头部与身体缝合起来。首先，将两者连接处的面删除，如图6-2-61所示。在删除身体顶面时需要先检查头部的洞是一个几边形。当前是一个14边形，所以为了配合两者相互吸附，身体顶面也需要抠出一个14边的面，如图6-2-62所示。选中顶面（14边）删除，这样我们就将对应位置抠出来了。现在，将头部洞的点压平，调出一个正圆，然后将身体洞的点吸附上去，如图6-2-63所示。

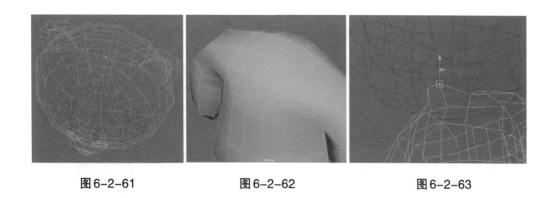

图6-2-61　　　　　　　　图6-2-62　　　　　　　　图6-2-63

6.2.17　合并

最后，我们将头部与身体暂时合并起来（展UV再拆开）。点击"网格"—"结合"，然后将脖子处的点再合并，如图6-2-64所示。最后，点击"编辑"—"按类型删除"—"历史"删除模型的历史记录，如图6-2-65所示。这样，我们的模型就做好了，如图6-2-66所示。

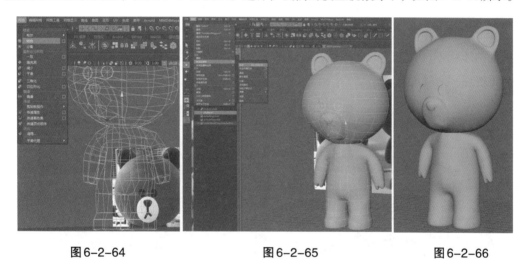

图6-2-64　　　　　　　　图6-2-65　　　　　　　　图6-2-66

6.2.18　清理

打开UV纹理编辑器，在默认选中状态下，可以看到网格上有加粗的线，如图6-2-67所示。这表示该边线为剪断状态，可以需要重新按照模型结构剪断边线来实现展UV。这个过程有点像裁缝裁衣服，如何将一件衣服以最合理的方式裁开展平，就是展UV的全部过程。在展UV之前还有一个重要环节——清理（Clean Up）。我们需要将错面和部分非流形几何面找出来并清理，这样在展UV时才不会报错。

在这里我们打开"网格"—"清理"，在清理选项中勾选"选择匹配多边形"，再通过细分修正中勾选"边数大于4边的面；凹面；带洞面"，在移除几何体中加选"非流形几何体"，点击"清理"，这样符合条件的面就被选中了。这里我们发现眼睛下方的一块四边面被选中

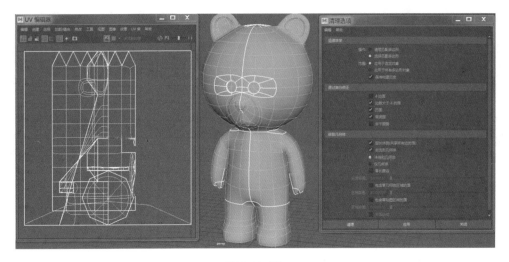

图6-2-67

了，右击选择点面模式，如图6-2-68所示，发现周围没有多余的线，说明该面属于非流形几何面。

注意：并非所有的非流形几何面都会影响到展UV，但是处理掉更好。此处，我们发现该面的形状不符合完整的四边面，将眼睛下方的点调整至合理位置，如图6-2-69所示，然后再清理一遍就可以了。

图6-2-68

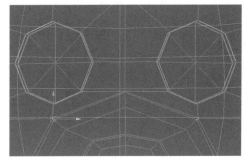

图6-2-69

6.2.19 Unfold3D

在开始展UV之前，我们需要先了解生物类模型的UV结构。不同于硬表面模型组件式的排列，生物模型是按照其生长结构来延展的一块整体。在过去的展UV过程中经常会使用如Unfold3D、UVLayout等第三方软件来拆分，然后再导回Maya中。这样的操作会使得工作效率低，所以Autodesk公司将Unfold3D软件整合到自身架构中，这样就不需要再通过第三方软件来操作了。现在的Unfold3D软件更名为RizomUV，功能比原先更丰富，但使用的人也不多了。

我们在"窗口"—"设置/首选项"—"插件管理器"找到Unfold3D.dll并勾选。这样，我们在UV纹理编辑器的展开UV选项中就能看到"方法：Unfold3D"，这表明可以用该插件来展开模型 UV 了。

6.2.20　改线

接着，我们进行"改线"，即将原有的边界线缝合再重新切出新的线。首先，我们选中所有的边，在纹理编辑器选择"切割/缝合"—"缝合"，如图 6-2-70 所示，这样我们就回到了切线的最初状态。其次，重新切线。我们可以从头部开始，先将脖子、眼睛和嘴部的线切出来。选择这些线，在纹理编辑器上按住 Shift 右击，在弹出的热盒中选择"剪切"，如图 6-2-71 所示。

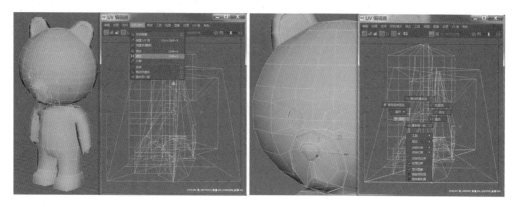

图 6-2-70　　　　　　　　　　　　　　图 6-2-71

然后，我们从头部背面中线沿着耳朵背面切开，如图 6-2-72 所示。并将耳蜗和鼻子边线切开。这样，切线就做好了。

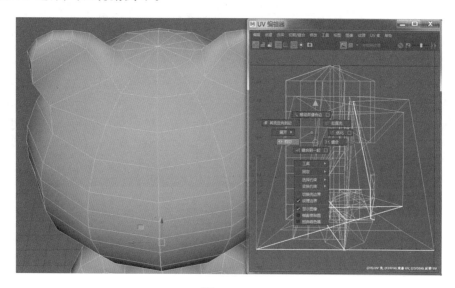

图 6-2-72

最后，框选头部的面，在 UV 工具包选择展开，这样头部 UV 就展开了，如图 6-2-73 所示。

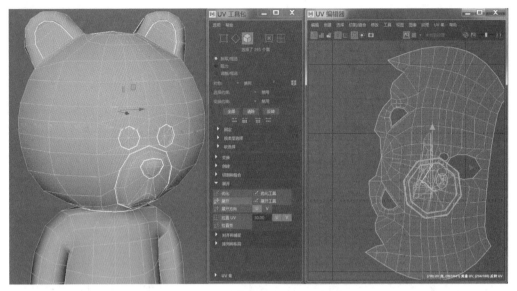

图 6-2-73

6.2.21 展开排列

接着做身体 UV，可以选择将四肢与躯干分开，也可以统一成一个整体。我们采用后者来做 UV。先从背部中线切开，沿着大腿至脚底。再从肩膀沿着手臂内侧切开，切至手指处，如图 6-2-74 所示。最后，选中身体的面展开，这样身体的 UV 就做好了，如图 6-2-75 所示。

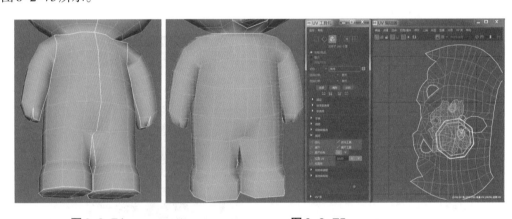

图 6-2-74   图 6-2-75

我们可以看到，UV 排列杂乱无章，需要按照等比例重新排列。在纹理编辑器中点击"修改"—"排布"，在排布 UV 选项里勾选"Unfold3D"和"非流形几何体"，在壳变换前设置选择"水平"和"保留三维比"，如图 6-2-76 所示。点击排布 UV，这样我们的 UV 就完成了。

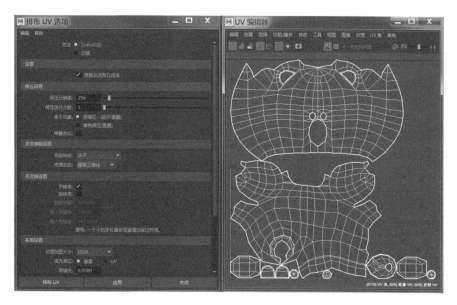

图 6-2-76

> 总结：生物类模型展 UV 的核心是切线。这里有几点建议，第一，大结构的边界切线。如脖子、脚底等。第二，小结构的边缘。如有明显凸起和凹陷的部分，像嘴巴、耳蜗等。第三，选择背面及隐蔽的位置切线。因为在切线过程中需要考虑到接缝问题，一般我们将结构内部的切线放在背面和不容易看到的内侧，这样画贴图时即便有一些接缝显示也不容易被看到。总之，切线是一门学问，切好了 UV 能展开平顺，后续绘制贴图也相对方便。

6.2.22　Hypershade 面材质

现在，我们可以给小熊上一个材质了。不同于上一个案例，小熊的材质比较单一，主要是不同颜色的固有色。这里我们可以通过将不同颜色的材质球赋予对应的面来实现效果。

点击状态栏内蓝色的球 ，这样我们就打开了 Hypershade 材质编辑器。在"创建"里创建 4 个 Lambert 材质球，分别重命名为 body1、ear、mouth、eye。选择 body1，在材质编辑器的 color 属性点击灰色的条状方块，在弹出的颜色属性面板选择吸管工具，在参考图上吸取一个中间色，然后按住鼠标中键拖动给模型，如图 6-2-77 所示，这样小熊就被赋予了咖啡色的材质。

接着，我们将其他材质调整为对应的颜色。现在，我们选择眼睛鼻子和嘴巴的面。在 eye 材质球上右击，在弹出的热盒菜单栏选择给选定对象赋予材质，如图 6-2-78 所示。这样，眼睛的颜色就附上去了。耳朵和嘴巴外围部分同理，我们可以将鼻子再单独给一个 Blinn 材质，显得更真实。最后，再对大形进行微调，这样小熊模型就做好了，如图 6-2-79 所示。

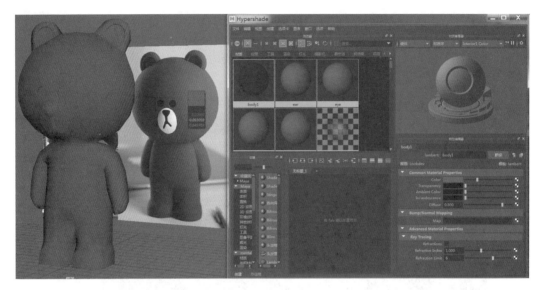

图 6-2-77

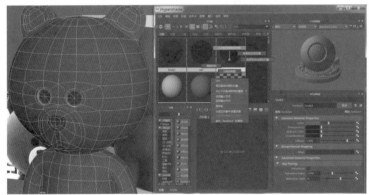

图 6-2-78

图 6-2-79

课后练习

请制作一个面数不超过1000面的经典卡通形象,并画出该模型的布线图。

第7章　多边形建模（人头）

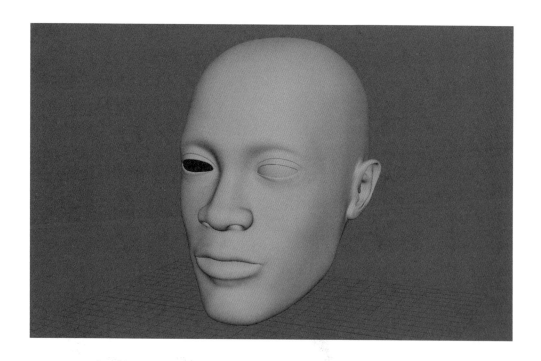

7.1 人体建模规律

　　人体建模属于生物类建模的范畴，注重人体结构的规范性。换言之，重点是所做的模型是否符合人体骨骼与肌肉的基本生长规律，所以人体建模不能像卡通建模一样可以一定程度上的随性，而是需要"精确"。我们在做相关建模之前需要对人体结构有一定的了解。引用匈牙利教授乔治·费舍尔在《素描人体解剖大全》中的一段话"一些画家，如米开朗琪罗、达·芬奇、拉斐尔、提香或是阿尔布雷特·丢勒，研究解剖学是因为人体的结构和运动是由骨骼、关节和肌肉决定的。对于人体结构的了解提高了画家的洞察力，增强了他们对于轮廓和细节的辨别能力。"可见，西方绘画大师都经过系统的人体解剖学习后才能绘制出栩栩如生的画作，我们也应该对解剖有所了解。

　　这里我们以高考素描训练阶段的石膏像"骷髅头"和"渔民"为例，来简单分析一下头骨和面部肌肉结构走向。

　　首先，头骨石膏像（图7-1-1）。在学习绘画素描石膏的阶段，一般是从头骨到肌肉解剖到胸像再到半身像的顺序。头骨作为人体内部结构的核心，起到"定型"的作用，欧美人与亚洲人面部区别最大的地方就是"骨点"位置。所以，画头骨的过程也是学习骨点位置的过程。通过观察解剖学的头骨，我们发现在影响头骨结构的众多骨点之中，"顶丘、鼻骨、眉弓、眶上/外缘、颧弓、上/下颌骨、枕外隆凸、颏结节"是最关键的几个点（图7-1-2），它直接决定了面部的基本特征，所以，我们在制作人头模型时，首先要将这几个骨点位置标记出来，这样才容易做得像。

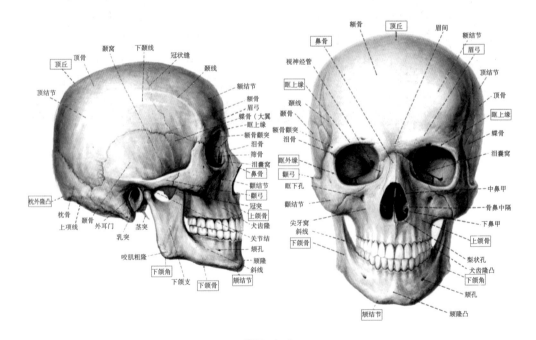

图7-1-1

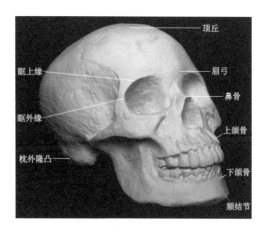

图 7-1-2

其次，渔民石膏像。很多高考素描训练学习者曾经画过一个没有皮肤的青年男子石膏像，它其实是让学习者进行肌肉训练的一个人像。在这里我们可以结合医用解剖图将石膏像的肌肉位置标记出来（图 7-1-3），同时根据石膏像的肌肉走向将网格分布图画出来（图 7-1-4）。

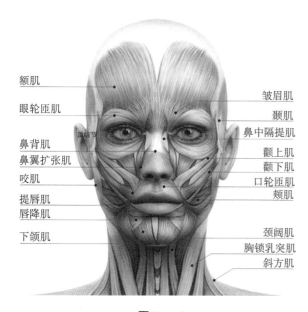

图 7-1-3

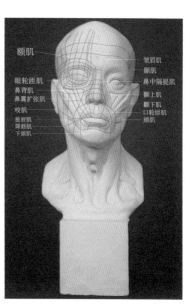

图 7-1-4

最后，布线规律。许多人在做人体时总会觉得哪里不对劲，实际上就是因为在做模型的过程中没有牢记头骨图和肌肉图。头骨图确定模型的大结构和外轮廓，肌肉图则确定了面部布线走向，通过观察可知肌肉的走向与模型网格的走向基本一致的。所以，只有牢记了人体结构图才能把模型做得真实可信。

7.2 人体建模流程详解实例——头部（大形）

我们在具体讲解实例之前需要了解一些基本概念。首先，制作方式。由于近年来数字雕刻软件 ZBrush 的普及，传统制作流程受到不小冲击。业内一般分成两种制作方式，Maya/3D Max（低模）到 ZBrush（高模），或者 ZBrush（高模）到 Maya/3D Max（拓扑），如图 7-2-1 所示。第一种是在 Maya 或 3D Max 中制作一个低精度模型，再 GoZ 到 ZBrush 中进行雕刻，最后通过 Substance Painter 或 ToolBag 软件烘焙法线贴图。由于低模制作是在 Maya 等软件中布线的，所以需要考虑布线的问题。第二种是在 ZBrush 中雕刻高模，然后 GoZ 到 Maya 中进行拓扑，再进行法线烘焙。由于没有布线正确的低模，所以需要贴合高模表面制作一个布线完整的低模，这个过程就叫"拓扑"。当然，还有类似 Blender 等全能型软件，在此不做过多阐述。一般情况下，第一种制作方式适用于模型面数不高的网游，而第二种适用于模型面数较高的 3A 大作。但是，无论是哪种制作方式，低模的布线必须是正确的，且符合面数要求。当然，随着科技的不断进步，Unreal 5 这类游戏引擎提供直接使用高模来制作游戏的 Nanite 系统，这样就不再需要用法线贴图和低模来模拟了，未来的制作方式会从根本上发生变革，但是学会布线仍然是十分重要且有必要的。其次，两种建模流程的核心是低模与高模之间的对应关系，在处理写实类的模型时务必需要 ZBrush 等雕刻软件来辅助，那么先用哪一个软件来制作就决定了整个流程的方向。本章节，我们采用第一种流程，从基本体出发，先将大形制作出来。在制作过程中会遇到人体建模的核心内容——布线结构。相信在经过本章节的学习后，大家对模型布线的概念会有所了解，并能够在其他模型上融会贯通。

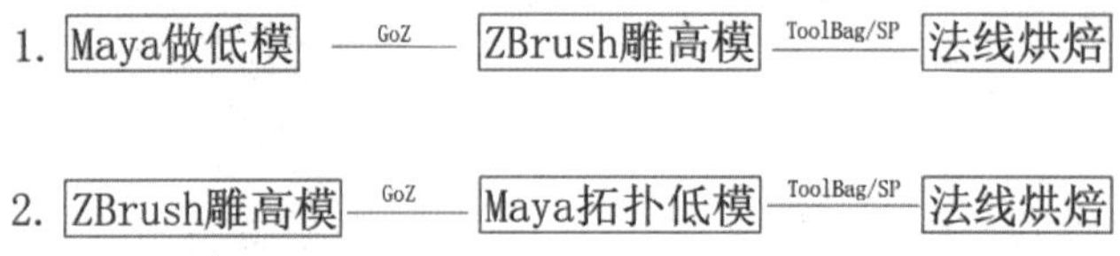

1. Maya做低模 —GoZ→ ZBrush雕高模 —ToolBag/SP→ 法线烘焙

2. ZBrush雕高模 —GoZ→ Maya拓扑低模 —ToolBag/SP→ 法线烘焙

图 7-2-1

7.2.1 前期准备工作

在具体制作前按照惯例，我们需要创建工程目录和导入图片（图 7-2-2）。该案例的参考图片为黑人运动员头像，不同于前两个案例的图片，该案例仅提供了正视图和侧视图，需要注意的是，由于拍摄角度等问题，两张图并不完全在同一水平线。所以，我们需要参考大量不同角度的其他人头图片来完成黑人头部的复刻。

7.2.2 基本体创建与头型调整

在创建基本体前，我们需要对 Maya 头部建模方式做一个简要阐述。早在多边形建模（Polygon）还没有流行之前，业界通常使用曲面建模（NURBS）来完成，它的特点是通过

图 7-2-2

绘制不同段数的曲线来多维度的生成曲面。进入到多边形时代，基本体展开成为业界主流，但是在处理人体这类较为复杂的对象时，"局部建模"也是一种选择。所谓局部建模是从五官（眼睛、鼻子、嘴）的一个位置展开，将五官局部制作好后扩展到头部的一个过程。这种方法对于布线的要求较高，但最终结果与基本体展开是一致的。这里我们还是采用基本体展开来制作。在选择基本体时，我们需要考虑头顶布线的问题，由于头部网格是横向与纵向交叉的，而球体两端存在极点，如图 7-2-3 所示，需要进行大量改线，所以这里我们创建立方体比较合适。

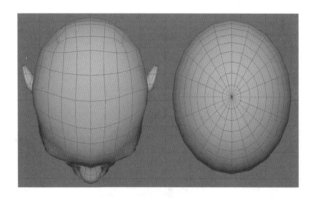

图 7-2-3

创建立方体，将大小与头像外轮廓对齐，同时将细分段数设置为 2（图 7-2-4）。

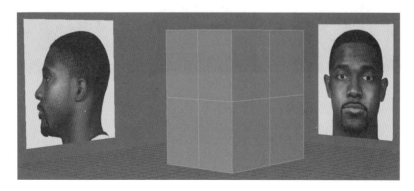

图 7-2-4

在侧视图将外轮廓点对齐，打开对称X，横向插入一条循环边。调整正视图的外轮廓（图7-2-5），这里我们将横向中间的线调至眼睛位置，来查看正视图与侧视图眼睛是否在一条线上（图7-2-6）。

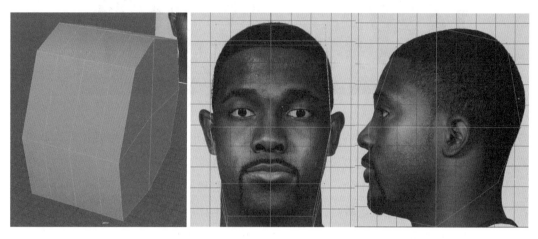

图7-2-5   图7-2-6

同理，侧视图再插入两条循环边，调整头像的外轮廓（图7-2-7）。眉弓和嘴部也各插入一条循环边，对齐眼睛和嘴的位置（图7-2-8）。

注意：除了在正视图对齐以外，我们还需要在透视图将四条边的点向内收，这里由于没有3/4侧视图，所以无法判断过渡点的位置，我们可以参考石膏像或者头骨顶视图在平滑模式下调整。

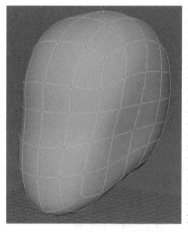

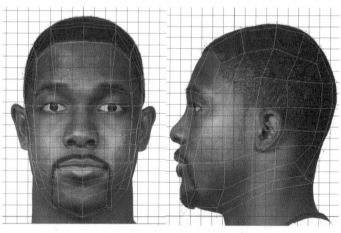

图7-2-7   图7-2-8

7.2.3 五官大形

现在开始制作五官，这里我们可以先从鼻子开始制作。从正面横向与纵向分别再插入一条循环边（图7-2-9），将鼻子的大形拉出来。同理，在嘴巴的位置上下两侧加一条线（图7-2-10），根据正视图调出嘴巴的形状，然后在平滑模式微调（图7-2-11）。

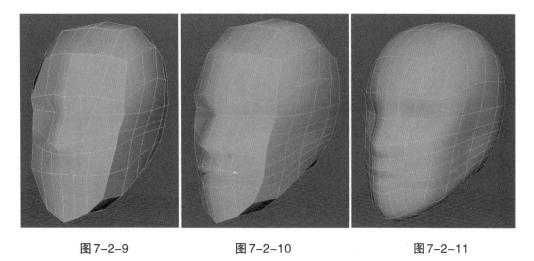

图7-2-9   图7-2-10   图7-2-11

7.2.4 眼睛制作

现在开始制作眼睛，以瞳孔的点为中心在四周切一圈线（图7-2-12）。选中这个面删除（图7-2-13），然后在四条边的中点向四周再连一条线。将断线连起来，并将眼睛的外轮廓拉出来（图7-2-14）。

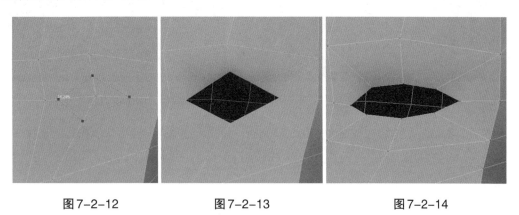

图7-2-12   图7-2-13   图7-2-14

现在，我们创建一个球体，调整合适大小、旋转90°，并对齐眼球位置（图7-2-15）。这里我们可以通过在旋转X输入90完成。这样就可以根据眼球的形状来调整眼皮的位置了。在调点的过程中，我们可以根据顶视图眼皮与眼球的位置配合透视图调节，做到没有穿插就可以了。

现在，我们将眼睛的轮廓段数提高。在眼角位置加线，调出眼角的形状。注意：在线框模式下，模型的前后线框交叉影响观察，可以通过"背面消隐"来缓解（图7-2-16）。点击"显示"—"多边形"—"背面消隐"，这样模型的背面线框就看不见了（图7-2-17）。

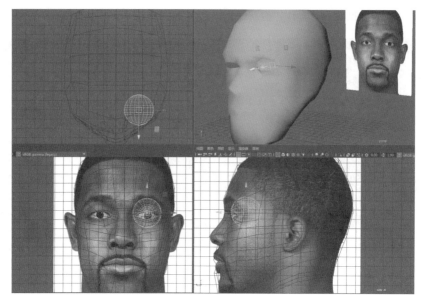

图7-2-15

图7-2-16

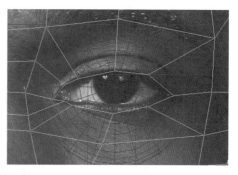

图7-2-17

　　然后，我们将眼角结构做出来。在眼皮上插一圈线，这里介绍一个快捷操作：选择一条边，按住 Ctrl 键右击，在弹出的热盒选择"环形边工具"—"到环形边分割"（图7-2-18），将该边上的点与眼球重合（图7-2-19）。

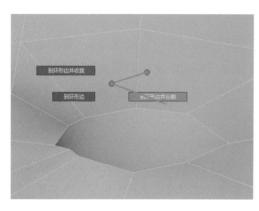

图7-2-18

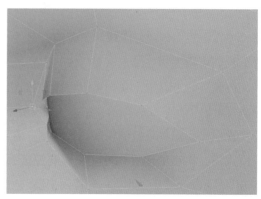

图7-2-19

在这里由于左右两边已经不再对称，可以通过镜像复制来实现对称操作。先将左半边删除，点击"编辑"—"特殊复制选项"，"几何体类型"选择"实例"，"缩放"选择"-1"，点击"特殊复制"（图7-2-20）。这样，我们在做右边的同时左边也同步了。现在，我们可以先把鼻子的大形做出来，方便做出眼窝。鼻子位置纵向插入一条循环边（图7-2-21），同时将鼻梁结构拉出来（图7-2-22）。

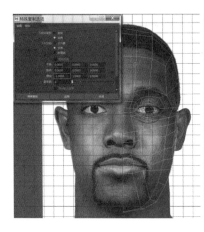

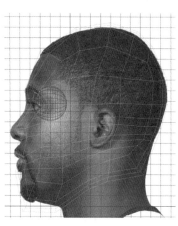

图7-2-20　　　　　　　　图7-2-21　　　　　　　　图7-2-22

现在，我们继续细化眼睛，在纵向继续插入两条线（图7-2-23），在正侧视图调整点的位置。再在眉弓位置加一圈线，调整位置。注意：在颞肌位置存在一个五星面（图7-2-24），这个交叉点的位置就是面部正侧面交界的位置。同时，可以在仰视图调整眼睛的包裹形状（图7-2-25）。

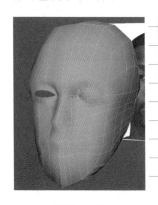
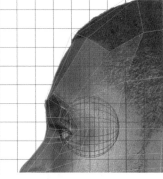
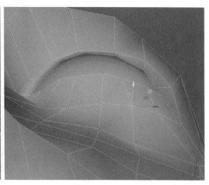

图7-2-23　　　　　　　　图7-2-24　　　　　　　　图7-2-25

7.2.5　鼻子制作

现在开始制作鼻子，在鼻底位置加一条线，将鼻头底部拉出来，在鼻头上部再加一圈线，将鼻头圆角拉出来（图7-2-26）。然后开始做鼻翼，我们看到鼻翼是一个凸起的半球形结构（图7-2-27），当前没有足够的点做支撑，所以我们需要在侧面插入循环边，将鼻翼结构挤出来（图7-2-28）。

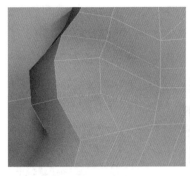 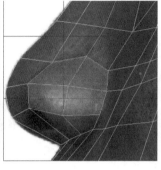 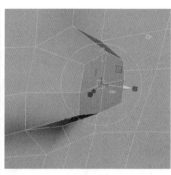

图7-2-26　　　　　　　图7-2-27　　　　　　　图7-2-28

　　然后，根据参考图将鼻翼与鼻子整体比例关系调整至合适大小。在这里可以选择鼻翼的点整体缩放再调整单个点的位置（图7-2-29）。同时，在中线两侧加一条线（图7-2-30），拉出鼻头的圆形。最后，在鼻底加一条线，调点后将鼻孔的结构挤出。

　　注意：这里可以把X-Ray显示打开，将鼻孔的点选中，在组件模式下将鼻孔的点单轴向挤压到同一平面（图7-2-31），并将鼻孔旋转至合适角度。

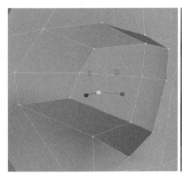 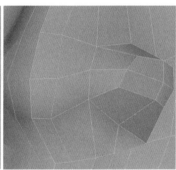 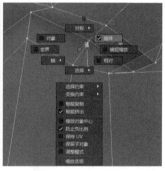

图7-2-29　　　　　　　图7-2-30　　　　　　　图7-2-31

　　至此，选中鼻孔的面，以中心点模式挤出（图7-2-32）。可以先收缩一层，再挤进去一层。在鼻孔边缘出现一条边（星面）（图7-2-33），我们需要改线处理（图7-2-34）。

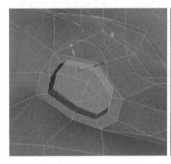  

图7-2-32　　　　　　　图7-2-33　　　　　　　图7-2-34

最后，将鼻孔周围的点与参考图大致对齐，做出鼻子的大体结构（图7-2-35）。我们可以准备一个小镜子，对照自己的鼻孔在平滑模式下微调，或在软选择模式下整体调节，这样做出的结构更准确。

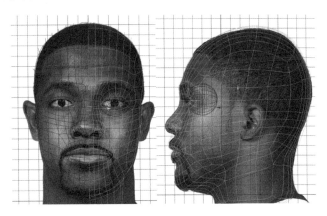

图 7-2-35

注意：在切线过程中我们经常会遇到"星面"，这种面往往会出现在两个结构的交界处，这时就需要通过改线让布线走向更通顺。例如：鼻头与鼻翼交界处存在星面（图7-2-36），删除两根发散的线（图7-2-37），从纵向和横向再分别连上一条（图7-2-38），这样鼻翼的结构就完整了。总之，改线要在符合四边面法则的前提下尽量化解三角面及多余的线，以做到"精简"。

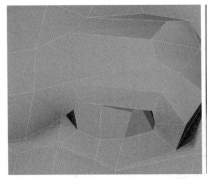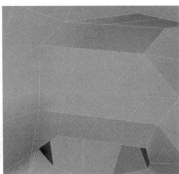

图 7-2-36　　　　　　　　图 7-2-37　　　　　　　　图 7-2-38

7.2.6　嘴巴制作

现在开始制作嘴巴。由于嘴巴是可以张开的，我们需要将上下嘴唇分离开来，这里可以对嘴的边倒角删面来抠出洞（图7-2-39）。选择边进行宽度0.1的倒角，然后将该面删除，这样在嘴角就产生了一个边（图7-2-40）。我们可以将中央的边删除，再在两端各插入一条循环边（图7-2-41）。

图 7-2-39   图 7-2-40   图 7-2-41

　　然后，将星面的线改掉。可以先将右边一根线删除，向下延伸一条边，再将中间的边删除（图 7-2-42），参考"渔民石膏像"布线的嘴部环状结构来调整，最后调点改成发散结构（图 7-2-43）。现在，可以在纵向（嘴的内外侧）分别再切一条边来增加嘴部结构的段数（图 7-2-44）。

图 7-2-42   图 7-2-43   图 7-2-44

　　在这里可以先从外侧插一条循环边（图 7-2-45），再从上下嘴唇中间切一条线。然后处理嘴角的结构，先将嘴角点合并（图 7-2-46），将外侧的线连接（图 7-2-47），再将下面的环线删除（图 7-2-48）。

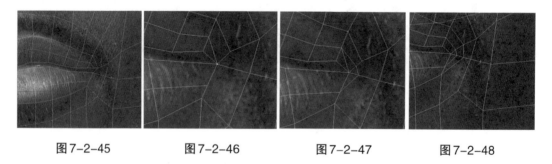

图 7-2-45   图 7-2-46   图 7-2-47   图 7-2-48

　　将下嘴角的三角面化解（图 7-2-49），这样环状结构就改好了。最后，分别在正侧视图和侧视图调点对齐（图 7-2-50）。

　　注意：我们在处理三角面时，可以考虑该面的三条边的走向，尽量让改完的线走向平顺。当然，一些细小结构处有少量三角面是可以的。

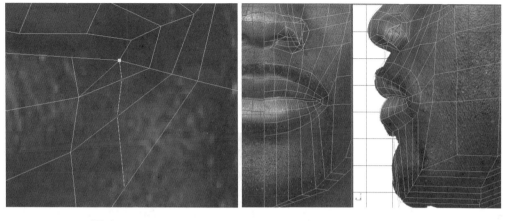

图7-2-49　　　　　　　　　　　　　　图7-2-50

7.2.7　下巴制作

现在开始制作下巴，先在下巴处插入两条循环边（图7-2-51），做出下巴隆起的结构。再将下巴边缘进行倒角，调点对齐视图。现在我们把倒角产生的五边面处理一下（图7-2-52），可以先将脸颊与后脑勺的布线区分开来。此处，我们可以将脖子的结构挤出（图7-2-53），做出下颌骨的部分。选择底面挤出脖子，然后将五边面底部的边合点，边模式下按住Shift右击向上拖动"合并收拢边"（图7-2-54），再拖动到"合并到中心"，这样就产生了一个星面。现在，在下巴处再插入一条边，将三角面破掉。调点将脸颊的三角形区域结构拉出来，这样下巴结构就做好了。

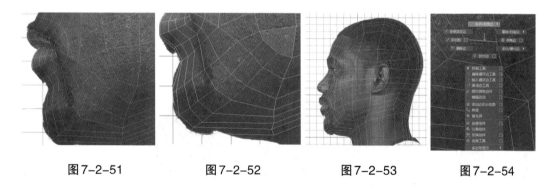

图7-2-51　　　　　图7-2-52　　　　　图7-2-53　　　　　图7-2-54

7.2.8　星面与布线

星面，顾名思义就是从一个点发散出去5条边以上的面，因其形状酷似海星，所以叫星面。星面一般处于肌肉交界的地方（图7-2-55至图7-2-57），起到分割区块的作用。所以，正确的星面能够确定结构的走向，而错误的星面则会导致模型结构走向错误。

观察模型，我们会发现模型上有许多"星面"，它所在的位置并没有决定结构走向，说明该星面不太合理，结构布线还没有到位（图7-2-58）。所以，我们需要根据肌肉走向图重新布线，将星面放置在准确的位置，使模型布线成最终肌肉解剖的样子。一般模型制作到中期阶段就可以开始处理星面问题。我们可以先参考一些标准布线图。通过对比我们发现虽然模型的星面数量不同，但是有五个点（眉弓、眼角、鼻翼、嘴角、颧骨）是共有的，所以在布线过程中需要牢记这五个点的位置，通过对比将正确的布线显示在当前模型上，让我们对后面的改线有一个大致的方向，能够做到胸有成竹。

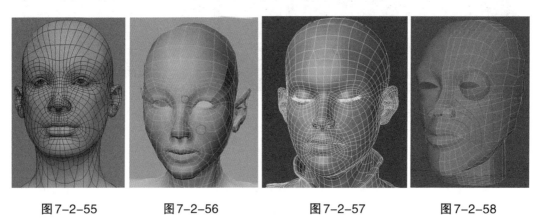

图7-2-55   图7-2-56   图7-2-57   图7-2-58

此处不具体阐述改线的操作流程，仅罗列关键步骤过程图供参考（图7-2-59），其间主要使用删线和切线完成。将脸部星面的这根线删除，重新插一条循环边。如图7-2-60所示，侧面嘴角中部线段的走向很重要（向上方穿过耳朵），眼角处的星面可以改到眼睛下方和颧骨的位置。如图7-2-61所示，删除脖子结构，在仰视图下将下巴的曲线调整出来。如图7-2-62所示，透视图确定星面的位置，将脸颊的点调整位置。

注意：星面的处理不是一步到位的，随着制作过程的不断推进它将不断产生。如目前下巴、眼睛等位置就还存在一些星面，我们可以先制作耳朵结构，将星面放到后续环节处理。

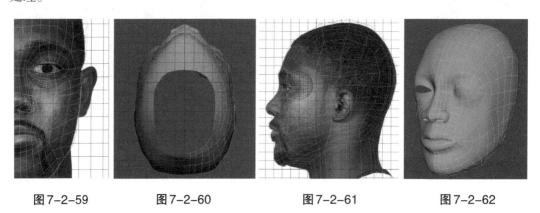

图7-2-59   图7-2-60   图7-2-61   图7-2-62

7.2.9　耳朵布线

现在，我们开始制作耳朵。在具体制作前可以先参考耳朵解剖图，观察耳朵的结构布线。我们看到耳朵主要的部分有耳轮、耳轮脚、耳屏、耳垂、耳甲腔，如图7-2-63所示，可以从大形出发，挤出耳朵的形状。

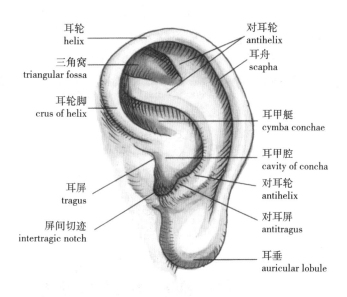

耳轮 helix
对耳轮 antihelix
三角窝 triangular fossa
耳舟 scapha
耳轮脚 crus of helix
耳甲艇 cymba conchae
耳甲腔 cavity of concha
对耳轮 antihelix
耳屏 tragus
对耳屏 antitragus
屏间切迹 intertragic notch
耳垂 auricular lobule

图7-2-63

首先，将耳朵外轮廓暂时与侧视图对齐（图7-2-64），需要注意由于正视图拍摄角度并非完全水平（上仰），正视图与侧视图之间有误差，这里不用完全对照正侧视图。删除内部线并挤出两层（图7-2-65），然后再向内挤进一层（图7-2-66），调点做出一个内部结构（图7-2-67）。再在耳垂处插入一条循环边，拉出耳垂结构。

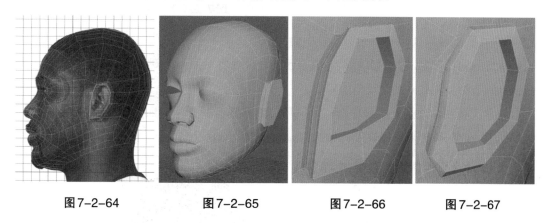

图7-2-64　　　　图7-2-65　　　　图7-2-66　　　　图7-2-67

调点过程中需要注意耳朵连接处与头骨的关系（图7-2-68），多观察真人的耳朵是什么样子的。现在，我们在基本形态的基础上进行切线。参考耳朵布线图，先将耳朵内部连线（图7-2-69），并将耳甲腔结构做出来。这里先将耳朵向内的结构挤出（图7-2-70），插入若干循环边，拉出耳轮脚的结构（图7-2-71），在插入循环边的同时部分线段会延伸至头顶，可以顺带调整头部轮廓。

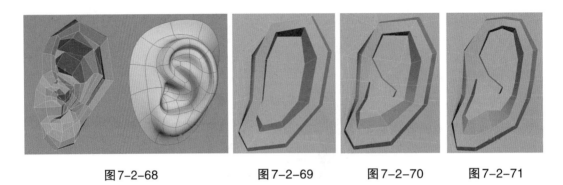

图7-2-68   图7-2-69   图7-2-70   图7-2-71

现在，将耳轮脚底面与耳甲腔连接起来。这里可以将耳甲腔向内挤进去一层（图7-2-72），将耳轮脚底面删除，再点吸附连接。然后，将耳屏结构挤出，并将凸出来的点合并（图7-2-73）。接着将耳洞的面挤出（图7-2-74），同时将耳蜗的结构做出来。之后在对耳轮处插一圈线，将凹陷拉出来（图7-2-75），耳朵的基本结构就完成了。

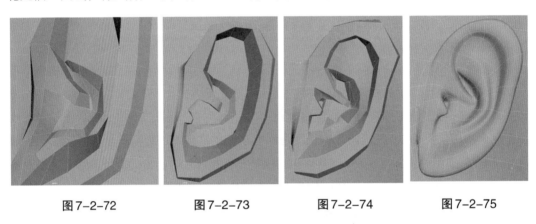

图7-2-72   图7-2-73   图7-2-74   图7-2-75

最后，我们还需要检查三角窝、耳甲艇的凹陷程度（图7-2-76），耳垂连接处的转折，以及耳舟的向内凹陷。做的时候摸一摸自己的耳朵或者对照镜子观察会有较大感触。这里挤出这些结构，调点并确定最终的轮廓。

注意：在制作耳朵的过程中会插入循环边，有些会一直延伸到头部（图7-2-77），间接增加了脸部的段数，所以在一开始制作脸部时段数不宜过高。

 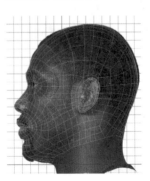

图7-2-76   图7-2-77

7.2.10　头部星面布线

现在，我们开始调整头部的星面问题。在处理星面布线之前，我们将头部的整体布线平均化，即将每一个网格间的距离控制的差不多，又称"平均布线法"。我们先分析一下当前星面位置，如图7-2-78所示。

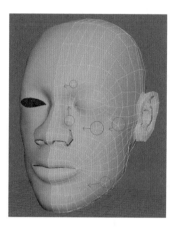

图7-2-78

还记得之前讲的五个重要星面位置吗？首先，嘴角下方的星面位置。当前星面处在腮帮处，影响了咬肌结构，我们调动其位置至嘴角下方，并调整周围结构。其次，鼻翼侧星面。目前眼睛下方有一个星面，并没有起到重要的作用，我们可以将其调整至鼻翼的旁边，即眼轮匝肌和口轮匝肌交界处，这样嘴部的结构就正确了。最后，颞肌处星面。由于额头处的两侧（颞肌）没有星面，额头与脸部侧面的转折出现了问题，所以需要在颞肌的位置做一个星面。还有一些星面的具体位置需要调整，我们可以参考标准布线图，在当前模型的基础上将正确的星面位置画出来，然后再进行调整。

分析完毕后，我们开始调整。首先是嘴角星面。先将腮帮处的线删除（图7-2-79），从横向连接一条线，再将嘴角的点调整位置（图7-2-80），最后将下方的线延伸到底。鼻翼侧星面同理，先删线调点（图7-2-81），再重新切线连接（图7-2-82），最后整理周围线的走向。

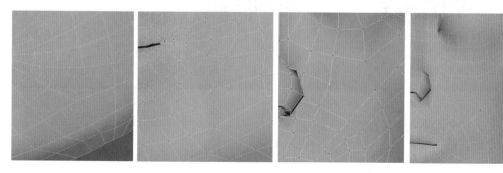

图7-2-79　　　　　　图7-2-80　　　　　　图7-2-81　　　　　　图7-2-82

在改线过程中需要删除多余的线，所谓多余的线就是删除之后不影响结构的线。我们在平均布线阶段需要将这类仅仅起到过渡作用的线删除。同时，删除一条线段就意味着周围的点需要重新调整。在此我们将根据标准布线图重新调整后的星面以圆圈标记出来，如图7-2-83所示。

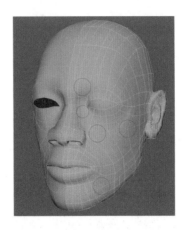

图7-2-83

最后，头骨结构布线。在面部星面处理完之后，我们需要将整个头部的布线重新调整（图7-2-84）。

这里总结出3个星面点：耳朵的上下两个点和额头颞肌的点（图7-2-85）。

（1）耳朵下方的点。是下颌骨与脖子的交界，可以在侧视图将下巴的线统一连到耳根，后脑勺的线连到脖子，这样头骨与脖子的结构就分开了。

（2）耳朵上方的点。是将后脑勺的横向与纵向分开的点，这里可以先将其中一条线的方向调至水平，再在纵向插入一条循环边连接，再调点。

（3）颞肌的点。是将额头的正侧面分开的点，同时将眼睛的布线走向向内侧收缩。

通过切出头骨星面，我们将整体布线走向重新调整，头部模型的大形制作阶段就完成了，如图7-2-86所示。

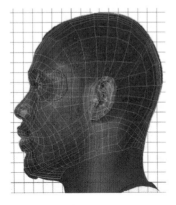

图7-2-84

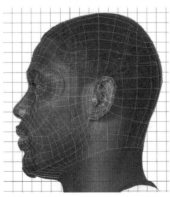

图7-2-85

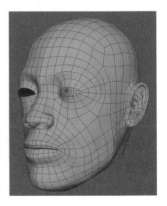

图7-2-86

7.3 头部（细节）

在经过上述一番操作之后，人头的基本样貌已经有了，下面我们开始进一步完善模型细节。这里需要了解一些关于模型细节制作的基本概念。首先，制作方式。增加模型细节的方式有很多，传统的切线方式，平滑模型之后调点的方式，或者导入ZBrush中进行雕刻都能够完成。

（1）传统切线。在原有模型基础上继续切线，做出五官和肌肉小结构。这种方式的优势在于能够将模型的布线和结构做得十分精确，但是过程较长。

（2）平滑调点。Maya提供的平滑命令其实是在原有模型结构的基础上增加段数，对模型的结构不做任何改动，所以使用平滑命令后需要进行调点来拉出想要的结构。

（3）ZBrush雕刻。作为当下主流的工作流程，ZBrush雕刻软件提供的GoZ命令能够轻松将模型导入其中，通过细分段数，雕刻完成后还能保留低模的结构，操作便捷。

总之，无论是哪一种方式，最终目的都是通过增加面数来细化结构，所以，前期模型布线正确是非常重要的。

至于模型面数，在开启"多边形计数"后，我们看到当前模型的面数为594个面。由于我们只建模了头部的一半，完整人像需乘以2，即1188个面。如果将该模型进行平滑，则会得到4714个面，如图7-3-1所示。通常一个低模的头部面数在2000面以内，所以平滑命令在做低模时并不适用。而高模的面数没有上限，所以我们一般适用传统切线或者ZBrush来继续深入。

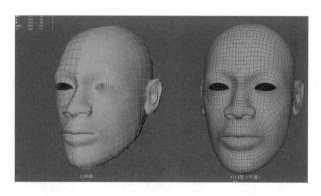

图 7-3-1

7.3.1 眼睛

现在，我们开始制作眼睛。眼睛是由眼窝、眼角、眼睑、眼皮组成的（图7-3-2）。我们在切线过程中需要根据其结构进行布线。首先，制作眼皮。在眼圈两侧插入两条循环边（图7-3-3），将眼眶的凹陷结构拉出来。然后，将眼皮的边缘向内挤出，做出眼皮的厚度。同时，在眼角再插入一条线（图7-3-4），拉出眼窝的结构。接着，再插入一圈循环边（图7-3-5），做出双眼皮结构。

注意：制作上眼皮的线（厚度），可以在眼皮内侧切一条线，达到类似卡线的效果。

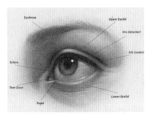 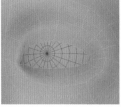 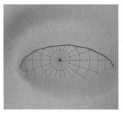 

图7-3-2   图7-3-3   图7-3-4   图7-3-5

眼睛周围的结构也可以顺带调整。

1. 眉弓结构

眉毛所在位置是一个凸起的结构（皱眉肌），可以在眉弓上方加一圈线（图7-3-6），向内压，将眉间三角区域做出凸起结构。

2. 鼻中隔提肌

从参考图中看出鼻梁处有一条凸起结构，一直延伸至眼轮匝肌的位置。

3. 颧骨

在眼角下方是凸起的颧骨位置，由于没有侧视图的参考，需要多观察现实生活中脸部颧骨位置的肌肉，将该处的凸起过渡调整。

4. 眼角转折

仔细观察会发现眼角处有一个凹陷，它是上下眼皮交界处的分割线，需要将此处的转折过渡处理好，这样眼轮匝肌的弧线才能较好的过渡，如图7-3-7所示。

   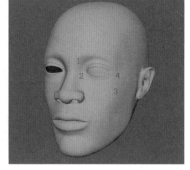

图7-3-6   图7-3-7

7.3.2 鼻子

现在，我们开始调整鼻子。鼻子从鼻根出发经过鼻梁到鼻头，包括两侧的鼻翼以及鼻中隔结构（图7-3-8）。

1. 鼻根

鼻根是一个梯形的平面，向上过渡到眉弓，这里我们直接缩放压平。

2. 鼻梁

此处鼻梁的面较宽，转折较为平滑。

3. 鼻头

鼻头是一个圆球形，我们将圆弧轮廓拉出来。

4. 鼻翼

此处鼻翼相较于鼻头较小，为半球状，厚度较厚，可拉出这样的结构。

5. 鼻中隔

它位于鼻孔下方，此处较厚，如图7-3-9所示。

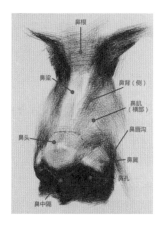 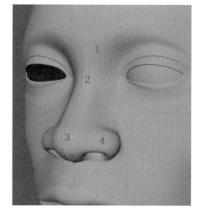

图7-3-8   图7-3-9

7.3.3 嘴巴

现在，我们开始调整嘴巴。嘴巴的结构由人中、上下嘴唇、口裂线及嘴角组成，我们在调整时不仅要突出结构，还要注意与周围（口轮匝肌、下巴）的关系（图7-3-10）。

1. 人中

将中线向内收缩，做出凹陷结构。

2. 上下嘴唇

在上嘴唇加一条循环边，固定嘴唇边缘的轮廓线。

3. 口裂线

将嘴唇边缘线向内挤出一层，并将边缘线闭合。

4. 嘴角

先确定嘴角中线的位置，调点将上嘴唇压住下嘴唇。同时将嘴角处的口轮匝肌结构拉出来，并将下巴的球形拉出来。如图7-3-11所示。

注意：这里为了突出鼻翼处提唇肌的一条斜线，可以在鼻翼中间插入一条循环边，稍微向外侧拉出。同时从鼻翼处三角面的位置向上延伸一条线，将两个三角面破解掉。这里改线时需要在眼窝上下两侧再分别插入一条线，增加眼角的段数，如图7-3-12所示。

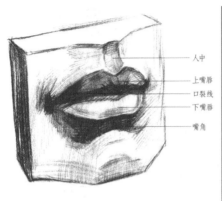
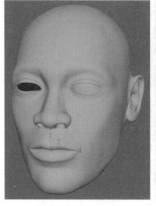
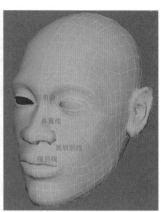

图7-3-10   图7-3-11   图7-3-12

7.3.4 骨点

最后，我们将整个头部的骨点调整。在这里我们调整顶丘、眶上/外缘、颧骨、下颌角、颏结节、枕外隆凸的位置。

1. 顶丘

它是头骨顶部的最高点区域，有一条冠状线经过，与额头分界。可以看到，在顶视图中显示当前头顶是一个正椭圆结构，我们需要调整其为一个锥形椭圆结构（两个圆）（图7-3-13），并将转折处布线旋转成发散状。

2. 眶上/外缘

它是眼眶的轮廓线，这两个点的位置决定了侧视图眼眶的形状（图7-3-14）。同样，我们可以参考头骨顶视图调节它的位置，同时确定鼻翼连接点及耳朵连接点的位置。

3. 颧骨

它是脸部正面最宽的两个点（图7-3-15），确定该点位置的同时可以确定耳朵在头骨的具体位置，此时可以在正视图中调整好。

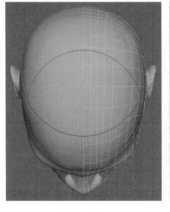
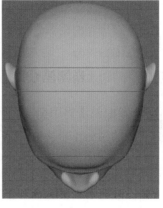
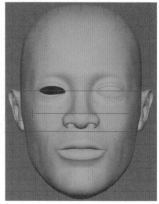

图7-3-13   图7-3-14   图7-3-15

4. 下颌角

它是下颌骨末端的点，决定了腮帮的整体外形。确定该点的位置能够将脸颊的三角形区域（俗称大三板）体现出来。

5. 颏结节

它是下巴末端的点，处在下颌骨转折处（图7-3-16），该点的位置能够体现出下巴正侧面的结构转向。

6. 枕外隆凸

它是后脑勺底部末端的点与脖子的分界（图7-3-17）。该点的位置确定了头骨球形结构，这里我们需要找到它所在的边调整好。

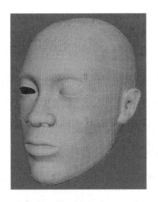 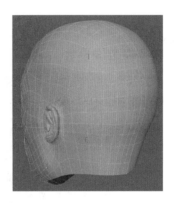

图7-3-16　　　　　　　　图7-3-17

7.3.5　收尾

现在，模型的细节也做好了，我们可以旋转模型查看过渡点的位置，观察有没有哪个点明显凸出来，进行微调。全部做好后，对该模型进行"清理"检查，然后"镜像"合并，最后删除历史记录。我们在多边形计数看到该模型当前为1510面，如图7-3-18所示，符合面数要求。

回顾整个建模流程，我们先通过一个立方体增加段数，制作出一个大形，然后重新布线，将五官的结构做正确。接着细化五官，在此过程中又增加了一些段数，并调整了星面的位置。最后，通过确定骨点位置将模型准确做出。

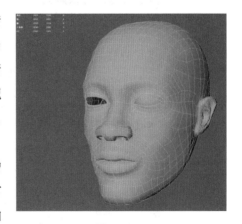

图7-3-18

7.4　头部UV

人体展UV与卡通模型的UV流程相似，都是通过切线展开的。需要注意的是切线的选择问题，一般我们是从后脑勺中线切开，下巴也可以切开，再将耳朵单独切开。在这里后脑勺的中线切到哪里是需要推敲的。如果切的太短会导致开口过小，影响展开程度，如果切的过深又会影响到面部。这里我们可以切到头顶的位置。

7.4.1　切线

现在，我们开始展UV。首先，打开UV纹理编辑器，将所有边线选中进行缝合（图7-4-1）。

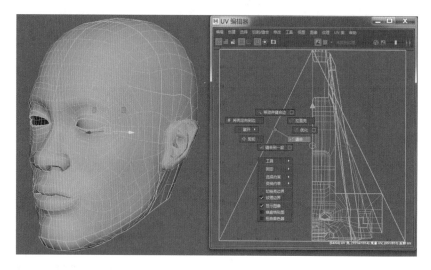

图7-4-1

然后，将耳朵和后脑勺中线剪切，切到头顶中间的位置。在对象模式下选择展开，再进行等比例的水平排布，这样UV就展开了（图7-4-2）。下巴处也可以一并切开。

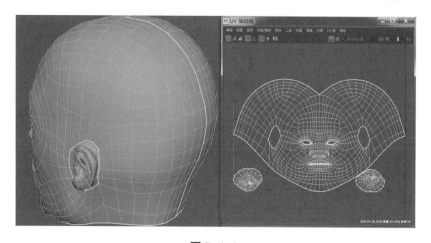

图7-4-2

7.4.2　优化

虽然UV已经展开，但是还存在一些拉伸问题。点击棋盘格显示（图7-4-3），我们发现嘴部等处还存在一些拉伸（长方形），可以通过优化工具来处理。

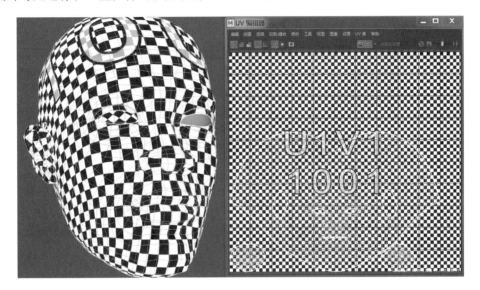

图7-4-3

点击UV扭曲图标，我们可以看到红色区域，这表示该处UV存在拉伸（图7-4-4）。在这里我们切换到UV模式，将UV的端点选中，执行"固定"命令。然后使用优化工具刷一下，会在一定程度上减轻拉伸。在刷的过程中可发现鼻孔位置没有切掉，影响UV展开。

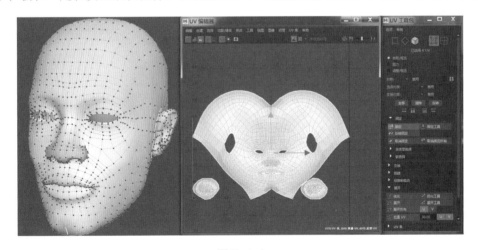

图7-4-4

最后，我们可以在UV模式下局部调点来优化，在调点过程中尽量保持原有UV的结构，做好后将固定的UV点取消（图7-4-5）。

图7-4-5

课后练习

请制作一个面数不超过2000面的人头像，展开UV并画出该模型的星面位置，思考它的布线规律。

第8章　高模制作（人头）

8.1 ZBrush雕刻

ZBrush是由pixologic公司于1999年开发并于2009年面世的一款专业2.5D数字雕刻软件。它被誉为革命性的建模软件，广泛应用于电影、电视、游戏、特效等诸多领域，界面如图8-1-1所示。造型手段脱离传统数位手段，使得创作数位雕塑更为便捷高效，特别适合艺术家使用。需要注意的是，它并不是一款完全意义上的3D软件。3D软件的一个基本特征是"面的编辑"，换言之，是以面为单位来进行模型编辑的。而ZBrush是将模型转换成一种Pixol数据（一种类似点状结构）后在模型表面进行雕刻，然后再转换成面的模型。这个概念类似于Photoshop和Illustrator绘图原理，Photoshop是位图绘制软件，单位为像素，Illustrator是矢量图绘制软件，单位是边和面片。矢量图可以导入位图的软件进行后期加工，但位图不能导入矢量图软件直接使用，只能重画。同样，三维模型导入到ZBrush中是进行雕刻（原有基础上细化），但ZBrush模型导入三维软件中是进行拓扑（模型表面重做）。所以，由于构成的基本单位不同，两者之间虽然可以互相导入，但工作方式是不同的。

随着不断更新，ZBrush加入了许多实用的功能，其中较为重要的两个更新是3.1版本和3.5版本。3.1版本加入了Polypaint，使用户能够在模型表面进行上色。后期又增加了材质编辑，逐渐模拟出三维软件的材质编辑器效果。3.5版本加入了GoZ功能，使它能够和其他三维软件之间进行无缝切换。GoZ功能的加入使得ZBrush改变了以往单一雕刻的工作模式，真正加入到游戏动画行业的工作流程中，是具有划时代意义的一个变革。当然，诸如在ZBrush中展UV、烘焙法线贴图、改变布线结构、材质渲染等重要功能在后期的版本中都逐一加入，使之成为一款具有完整三维软件功能的雕刻软件，但是GoZ通道的建立毋庸置疑将其完美融合到工业流程中来，为其成为最受欢迎的数字雕刻软件作出了重大贡献。

ZBrush除了可以雕刻人物角色之外，对硬表面及场景加工也游刃有余，在许多大型项目制作中经常会使用它来雕刻武器道具、房间家具或者岩石建筑等。它的实际作用也从最初个人艺术家的爱好变成工业建模流程中的一个必要环节，成为能够与Photoshop和Substance Painter并肩的不可或缺的第三方软件。所以，ZBrush基本工作流程是每一位三维建模师必须掌握的。

图8-1-1

8.1.1　界面介绍

现在，我们以ZBrush2021.1.2中文版本为例，介绍一下界面布局（图8–1–2）。初识ZB（简称）会发现它和Photoshop、Substance Painter的界面很像，拥有十分人性化的操作布局。界面布局为主视窗加半包式结构，由标题栏、菜单栏、提示栏、工具栏、工具架、视窗、视图导航/编辑模式、工具箱及快速选取组成。

菜单栏/提示栏
工具栏
快速选取
视图导航
工具箱
编辑模式
工具架
视窗

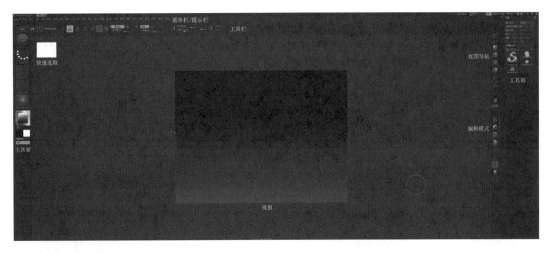

图8–1–2

1. 标题栏（图8–1–3）

左侧显示版本信息，右侧显示快速保存、界面透明度、隐藏菜单、默认脚本、更改界面颜色和布局、最大化/最小化及关闭。

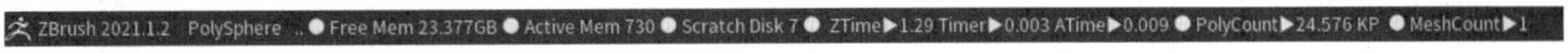

ZBrush 2021.1.2　PolySphere　..● Free Mem 23.377GB ● Active Mem 730 ● Scratch Disk 7 ● ZTime▶1.29 Timer▶0.003 ATime▶0.009 ● PolyCount▶24.576 KP ● MeshCount▶1

图8–1–3

2. 菜单栏（图8–1–4）

显示ZB的所有命令，需要注意，不同于常规软件的命令布局，文档和编辑被排在了后面，这是因为它是按照首字母的顺序排列的。

Alpha 笔刷 色彩 文档 绘制 动态 编辑 文件 图层 灯光 宏 标记 材质 影片 拾取 首选项 渲染 模板 笔触 纹理 工具 变换 Z插件 Z脚本 帮助

图8–1–4

3. 提示栏（图8–1–5）

位于菜单栏下方的空白区域，显示当前画笔坐标信息。

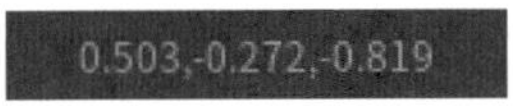

0.503,-0.272,-0.819

图8–1–5

4. 工具栏（图8-1-6）

管理操控属性的界面，包括主页、灯箱、编辑、绘制、移动、缩放、旋转、颜色属性调节、笔刷强度与大小调节、笔刷凸起与凹陷切换、焦点衰减。

图 8-1-6

5. 工具架（图8-1-7）

位于视窗左侧区域，放置工具属性的界面。包括笔刷、笔触、Alpha、纹理、材质及颜色。

6. 视窗（图8-1-8）

主要操作区域，不同于三维软件的三视图视窗分布，ZB 只有透视图这一个视窗，方便用户更加直观地体验雕刻过程。

图 8-1-7　　　　　　　　　　图 8-1-8

7. 视图导航/编辑模式（图8-1-9）

位于视窗右侧区域，放置文件管理的界面。包括载入工具、另存为、从项目文件载入工具、复制工具、粘贴工具、导入、导出、克隆、GoZ等。

8. 工具箱（图 8-1-10）

位于视窗右侧区域，放置文件管理的界面。包括载入工具、另存为、从项目文件载入工具、复制工具、粘贴工具、导入、导出、克隆、GoZ 等。

图 8-1-9　　　　　　　　　　　图 8-1-10

9. 快速选取（图 8-1-11）

位于视窗左上角的白色方框，显示当前对象的环境贴图的导入。

图 8-1-11

8.1.2　灯箱（LightBox）

灯箱是 ZB 的素材管理器，包括了项目、工具、笔刷、纹理、Alpha、材质、噪波、纤维、阵列、网格、文档、渲染设置、滤镜、快速保存和聚光灯（图 8-1-12）。它指定了内部及外部调用文件的根目录地址，方便用户快速选取和调用。其中 PolySphere 和 ZSphere 是最常用的两个功能。

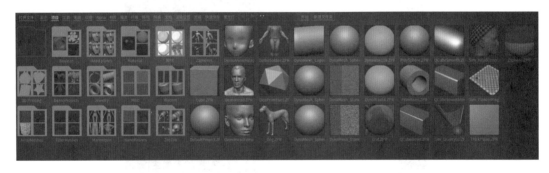

图 8-1-12

8.1.3　GoZ 设置

GoZ 是 ZB 的重要插件（图 8-1-13），目前支持 Cinema4D、3D Max、Maya、Photoshop 和 Sculptris，它是连接这些软件的重要通道，我们需要先设置一下它的路径。打开"首选项"—"GoZ"—"更新应用程序路径"，这里因为已经安装过了，可以点击"强制重新安装"，在弹出的面板选择 Maya（图 8-1-14），然后找到 Maya.exe 的根目录点击"安装"（图 8-1-15），当弹出安装成功后就表明已经完成了。

图 8-1-13　　　　　图 8-1-14　　　　　　　　图 8-1-15

　　然后，我们需要在Maya中加载。打开插件管理器，找到GozMaya.mll并勾选（图8-1-16）。这样，在工具架上就会多出一个GoZBrush的选项栏，GoZ设置就完成了。

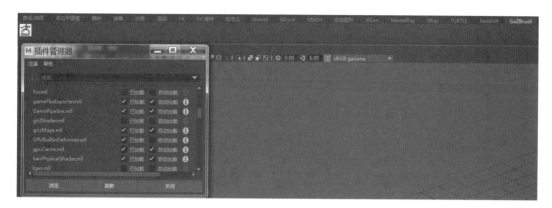

图 8-1-16

8.1.4　常规操作与快捷键

　　ZB的操作习惯和Maya类似，配合一些常用快捷键能够快速实现想要的效果。它的默认格式为ztl，点击"载入工具"会进入预览窗口（图8-1-17），在视窗按住鼠标左键拖动打开，再点击"Edit"进入编辑模式。如果是obj或者fbx格式文件，可选择"导入"打开。另外，ZB还有文件格式ZPR和文档格式ZBR。

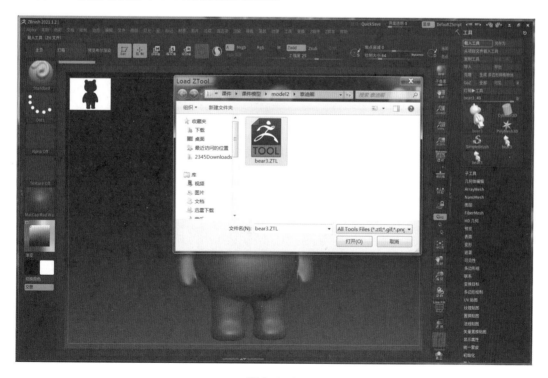

图 8-1-17

下面我们来介绍 ZBrush 的快捷键。

"左键在空白处单击并拖动"：旋转视角。

"alt 建＋左键在空白处单击并拖动"：平移视角。

"alt 键＋左键，然后放开 alt 键在空白处拖动并平移"：缩放视角。

"＋"：放大文档。

"－"：缩小义档。

"旋转中配合 Shift"：捕捉在正交视点处。

"旋转中配合 ALT"：以相对平滑方式旋转视图。

"按下 DEL"：可以将物体在画布中更大化显示。

"0（零）"：查阅文档的实际大小。

"Ctrl+0"：查阅文档实际大小的一半，抗锯齿（还影响输出）。

"Ctrl+Shift+拖动"：未选中的部分将隐藏。

"Ctrl+Shift+点击空白处"：恢复显示。

"Ctrl+Shift+拖动＋释放（Ctrl、Shift）"：选中的部分将隐藏。

"Ctrl+F"：填充二维图片层。

"Ctrl"：遮罩功能。

"Ctrl+D"：细分一次。

"Tab"：隐藏/显示浮动调控板。

"H"：隐藏/显示 Zscript 窗口。

"C"：在指针下面拾取颜色。

"S"：绘图大小。

"I"：RGB 强度。

"U"Z 强度。

"Shift+D"：绘制贴图的时候让模型上的网格线隐藏。

"Q"：绘图指示器（默认为所有工具）。

"W"：移动模式。

"E"：缩放模式。

"R"：旋转模式。

"T"：编辑模式。

"Shift+S"：备份物体.

"M"：标记物体。

"Ctrl+Z"：撤销。

8.2 ZBrush 雕刻详解实例——头部（细节）

我们在具体讲解实例之前需要了解一些基本概念。ZB 雕刻是一个循序渐进的过程，与 Maya 建模相似，都是从大结构出发，逐步细化。ZB 中的细分表面就有这个功能，随着细分层级的不断增加，可雕刻的精细程度也随之提高，从头骨外形到五官结构再到肌肉和皮肤纹理，不同层级对应不同的雕刻内容。所以，ZB 雕刻的精髓在于用户是否能够按照骨骼和肌肉解剖学的原理由浅入深地将对象雕刻正确。下面，我们就以上一章的人头为例，来介绍 ZB 雕刻的一些基本操作，梳理常规雕刻流程的各个环节。

8.2.1 准备工作

首先，将模型导入 ZB。由于我们设置了 GoZ 功能，在 Maya 中选中人头模型，点击 GoZ 图标，就会自动打开 ZB。在这里我们可以配合数位板操作，点击拖动到合适大小，然后按一下 "E" 进入编辑模式。ZB 中显示模型的初始状态，我们可以左键按住视图导航的 Zoom2D 向上拖动来放大操作视图。

其次，对模型的材质进行编辑。ZB 的默认材质为 RedWax，一种暗红色蜡状材质。我们点击材质球（图 8-2-1），可以在其中更换一种材质。比较常用的材质为 Gray 和 SkinShade4，这里我们使用默认材质。当然，也可以点击颜色图标来调整当前颜色。

最后，对称画笔。当前笔刷是在一侧的，我们需要激活对称。点击 "变换"—"激活对称"，选择 X 和 M 轴（图 8-2-2），这样我们绘制的时候就能对称互动了。

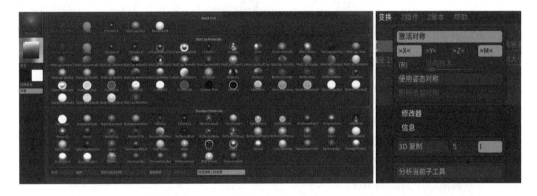

图 8-2-1   图 8-2-2

8.2.2 常用笔刷

在具体雕刻模型前，需要对常用的几种笔刷有一个大致的了解（图 8-2-3）。

1. Standard（标准笔刷）

ZB 默认笔刷，可沿着画笔轨迹画出凸起或凹陷效果。注意：工具栏中的 Zadd 为凸起，Zsub 为凹陷。默认凸起，按住 Alt 键绘制为凹陷。

2.Clay（黏土笔刷）

可以搭配Stroke（笔触）和Alpha（纹理）来模拟各种雕刻痕迹的效果。

3.Move（移动笔刷）

可以移动模型的顶点，通过放大笔刷半径可以对模型的整体外形进行调整。

4.ClayBuildup（黏土堆砌）

可以将笔刷一层层的堆上去，类似雕塑过程中的活泥巴效果。

5. Pinch（收缩笔刷）

将笔刷半径范围的点收缩至一条边线，达到类似收拢硬边的效果。

6. Inflat（膨胀笔刷）

可以让模型表面产生凸起效果，类似将薄边的厚度膨胀出来。

7. Smooth（平滑笔刷）

使用频率相对较高的笔刷，可以将模型变平滑，一般作为常用笔刷的搭配来调整，在常用笔刷状态下按住Shift就激活平滑笔刷了。

图8-2-3

常用的笔刷会显示在第一排（QuickPick）（图8-2-4），我们可以自定义数字键来作为常用笔刷的快捷键。将鼠标位移至需要定义的笔刷上，按住Ctrl+Alt再点击该笔刷，在提示栏上会显示"按任意组合键指派自定义热键－或－按ESC或鼠标键取消－或－按删除键删除先前自定义指派。"这时按数字键2，该笔刷就可被定义为数字2。

图8-2-4

8.2.3 图像导入

现在，我们将参考图导入ZB。在ZBrush中导入参考图的方式有两种，第一种是通过纹理导入。点击菜单栏中"纹理"—"导入"，选择"正视图"和"侧视图"（图8-2-5），这样参考图就被加载进来了，然后选择正视图，点击"添加到聚光灯"，图片就导入进来了。按住图片拖动可以移动位置，旋转圆圈状热盒可以改变属性（图8-2-6）。例如，按住热盒上的缩放图标旋转热盒，即可调整图片大小。现在，我们需要跳出图片模式，按一下Z键返回，这样我们就可以雕刻模型了（图8-2-7）。

注意：如果画不上去，需要将"笔刷"—"Spotlight投影"关闭。同理，我们将侧视图导入进来。

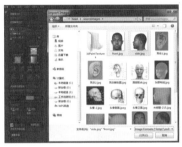   

图8-2-5   图8-2-6   图8-2-7

第二种方式是通过地网格搭配绘制菜单的前后上下左右图片导入的方式来实现（图8-2-8），这里就不再赘述。

图8-2-8

8.2.4 几何体编辑（Geometry）

在开始雕刻之前，我们发现模型的面数太低，可以通过增加面数来调整。打开工具箱的"几何体编辑（Geometry）"（图8-2-9），点击细分网格（Ctrl+D）。这样，模型的面数就增加了，细分级别越高，模型面数就越高。按照低级别调整大结构，高级别雕刻纹理的规律，一般增加到5级就可以了。注意：在操作过程中切忌"删除低级"，它会导致原来的低模消失。

图 8-2-9

8.2.5 子工具（Subtool）

子工具（Subtool）是用于管理不同组件的层编辑器，其功能类似Maya的大纲视图。我们在同一场景编辑不同物体时就需要使用子工具来管理。可以看到，当前模型没有眼睛，在雕刻眼皮时容易造成穿帮，我们可以在ZB中增加一个球体来充当眼睛。打开工具箱的"子工具（Subtool）"，点击"插入"，在弹出的对话框选择Sphere3D（图8-2-10），这样我们就新建了一个球体。现在，我们需要将球体调整到合适位置，按E键激活缩放工具，按住中间黄色方框向右拖动缩小，再按住方向轴移动至合适位置（图8-2-11）。同时，我们可以将编辑模式中的PolyF（着色线框）激活，旋转90°。现在，点击"创建副本"平移该球体（图8-2-12），我们就复制了一份。我们可以在子工具的层级菜单选择对象，也可以按住Alt键点击对象（图8-2-13）。如果想要隐藏对象，可以关闭对象后面的眼睛图标。

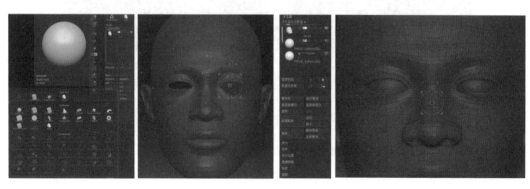

图 8-2-10   图 8-2-11   图 8-2-12   图 8-2-13

8.2.6 雕刻

现在我们进行雕刻，检查数位板是否就位。首先，使用移动笔刷调整外轮廓。按一下S键，增加笔刷半径（图8-2-14）。将腮帮向外拖动，颧骨向内收缩，眉弓两端上扬，类似骨点进行微调。注意：调整时尤其要注意颧骨与耳朵的位置关系。然后使用快捷键Ctrl+D增加一个细分层级，我们在第三层级可以使用标准笔刷调整五官的厚度（图8-2-15）。例如，鼻翼、眼皮、卧蚕、耳朵边缘的厚度，都可以通过小半径的标准笔刷刷出来，眉弓、鼻梁两侧、嘴角的肌肉都可以通过大半径刷出来，我们在该层级将五官的细节刻画出来。其次，雕刻细节。我们再Ctrl+D进入第四层级。在该层级使用黏土笔刷配合其他常用笔刷对模型质感进行提升。

这里介绍两种功能：遮罩和隐藏。

（1）遮罩：按住Ctrl框选，选中的区域就被罩住了，该区域不可编辑（图8-2-16）。按住Ctrl在空白处点击是反选，这样区域以外的部分不可编辑。如果要取消遮罩，按住Ctrl在空白处框选。

（2）隐藏：按住Shift+Ctrl框选弹出绿色区域，选中的区域单独显示（图8-2-17）。如果要取消隐藏，按住Shift+Ctrl在空白处单击。

注意：两者在绘制到边缘处时，都会和未选中区域发生挤压碰撞造成形变，所以在绘制过程中不要接触到边缘。

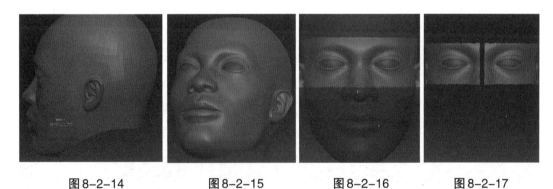

图8-2-14　　　　图8-2-15　　　　图8-2-16　　　　图8-2-17

现在进行局部雕刻。例如，眼轮匝肌可以用黏土笔刷画出来，卧蚕的一道皱纹线可以用收缩笔刷画出来，上眼皮的厚度可以用膨胀笔刷画出来，眉弓的凸起可以用标准笔刷画出来（图8-2-18）。

注意：在画的过程中需要调整笔刷的强度值和大小半径，并配合平滑笔刷来做过渡。我们使用同样的方法将鼻子、嘴巴以及周围的肌群画出来（图8-2-19）。当然，在这一层级雕好之后，可以再Ctrl+D继续细化，此处不再赘述。

图 8-2-18　　　　　　　　　　　　　图 8-2-19

8.2.7　图层（Layer）

图层（Layer）是对模型表面细节进行管理的功能（图8-2-20），其工作原理是通过不同图层的叠加产生理想的效果，类似Photoshop和Substance Painter的图层功能。我们在给模型增加皮肤时有许多种方法，例如，使用Alpha纹理笔刷拖上去，法线贴图映射上去等等。在这里我们介绍图层叠加绘制的方法。

在绘制皮肤之前需要注意，由于当前"细分级别"太低，需要增加细分才能看到效果。所以，我们将细分增加到"5"级。在工具箱面板点击"图层"，点击新建图层，这样我们就创建了一个图层。然后，点击"表面"—"噪波"，在弹出的面板通过调整噪波比例和强度值设置一个合适的纹理（图8-2-21）。接着，点击"应用于网格"就赋予上去了（图8-2-22）。我们可以在图层面板点击Name对当前图层重命名，或者点击图层后面的眼睛进行隐藏。现在，同理再创建一个图层，调整该图层噪波比例大一些，强度值小一些。现在，我们使用平滑笔刷进行局部绘制。注意：在画的时候要确定图层处在REC（录制）模式（图8-2-23），且将上面图层的眼睛关闭。将鼻头嘴部及鼻梁结构的肌肉具体平滑（图8-2-24）。同理，我们再新建一个噪波图层，将颗粒感做得明显一些。同样绘制一些平滑区域。

图 8-2-20　　　图 8-2-21　　　　　图 8-2-22　　　图 8-2-23　　　图 8-2-24

现在，我们需要增加一些细节。Alpha纹理是ZB的一个重要功能，它是由带有透明通道的黑白图片构成的，在Alpha世界中，白色代表存在，黑色代表无。使用Alpha纹理搭配特定的笔触能产生理想的肌理效果。

我们再新建一个图层，笔触选择"喷洒（Spray）"，Alpha选择"Alpha07"（图 8-2-25），然后按住 Alt 键（ZSub）将脸部（嘴唇除外）涂抹一遍。现在，我们将所有图层的眼睛打开，将中间的强度值都调为 0.5（图 8-2-26），查看混合效果。然后，再新建一个图层，使用"Alpha60"画出肌肉纹理效果（图 8-2-27）。

注意：笔刷的大小、强度值及焦点衰减会影响纹理的粗细程度，这里我们将参数设置为强度 13、半径 77、焦点衰减 –16（图 8-2-28）。同理，再新建一个小笔触的肌理层，做出层次感。

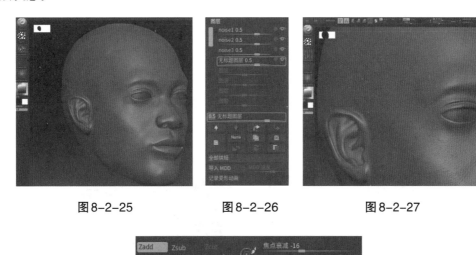

图 8-2-25　　　　　图 8-2-26　　　　　图 8-2-27

图 8-2-28

最后，我们做一些细节层，来实现皮肤表面的斑点凸起效果。首先，按住 Ctrl 键将嘴唇区域的遮罩绘制出来（图 8-2-29），使用 freehand 笔刷绘制嘴唇纹理。其次，新建图层"noise1"，将对称关闭，选择"Alpha36"，调整笔刷半径，画出黑痣等斑点。然后，再新建若干层，笔触选择标准笔刷，画出皮肤凸起质感（图 8-2-30）。最后，调整完各个图层的强度值后，我们可以将其合并为一个图层（图 8-2-31）。现在，我们的皮肤纹理就绘制完成了（图 8-2-32）。

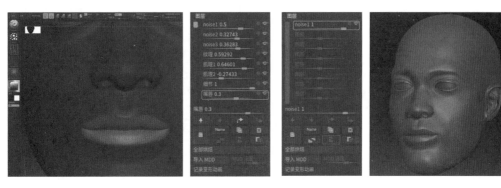

图 8-2-29　　　　　图 8-2-30　　　　　图 8-2-31　　　　　图 8-2-32

8.2.8 纤维（FiberMesh）

纤维系统（FiberMesh）是 ZB 用来模拟毛发的功能，用来实现毛发效果的方式有许多种，如使用毛发笔刷绘制，或在 Maya 中使用 XGen 或 Yeti 插件绘制，等等。这里我们使用 ZB 自带的纤维系统来制作。

首先，毛发是生长在遮罩上的。我们需要在头发、眉毛和胡子的位置分别画出遮罩。首先在眉毛位置画出遮罩（图 8-2-33），当我们画过的时候，可以按住 Ctrl+Alt（减选）方式擦除。点击"灯箱"—"纤维"—"Fibers160.ZFP"，点击"预览"，这时我们会看到毛发比较长（图 8-2-34）。打开修改器，将参数进行设置，长度 15、覆盖率 2、旋转速率 111、扭曲 81。然后点击接受，我们可以使用移动笔刷将毛发的方向调整，绘制完成后会在子工具中显示。现在，切换到头像，将胡子同理做出来。

注意：对象有两层胡子，腮帮到下巴的短胡子及嘴巴的长胡子，而下嘴唇比上嘴唇的胡子长度要长一些，所以这里我们可以制作三层。头发的制作同理。图 8-2-35 所示为各区域毛发设置的参数。

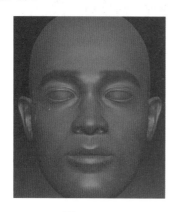

图 8-2-33　　　　　　　　　　　　　　图 8-2-34

现在，毛发部分就做好了，我们可以将当前文件的缓存清除。点击"编辑"—"删除先前的历史"（图 8-2-36），这样历史记录就删除了。同时，还可以删除快速保存的文件。点击"首选项"—"快速保存"—"删除快速保存文件"（图 8-2-37），这样临时保存的文件就清除了。

8.2.9 ZBP 文件

ZBP 文件是一种笔刷文件，可以通过外部导入的形式加载到 ZB 当中，实现理想的效果。当前模型还缺少睫毛，我们可以使用睫毛笔刷来做睫毛的效果。点击笔刷面板的加载笔刷，选择 EyeLashesCurve_FH_v1.ZBP（图 8-2-38），笔刷就加载进来了。但是这样加载看不到预览，并不方便使用。我们可以为该文件创建一个同名文件夹，放入 ZB 根目录下的 ZBrushes（图 8-2-39），然后在"灯箱""—笔刷"中就可以预览了（图 8-2-40）。

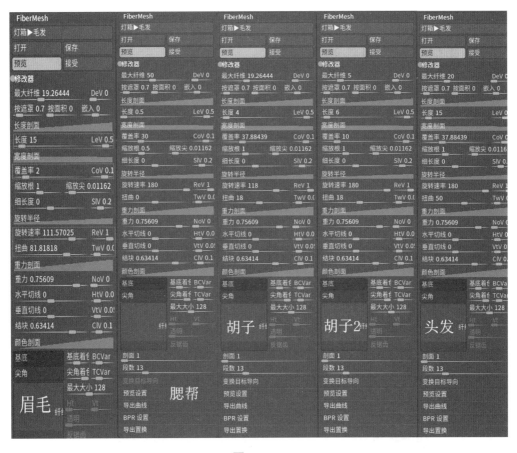

图 8-2-35

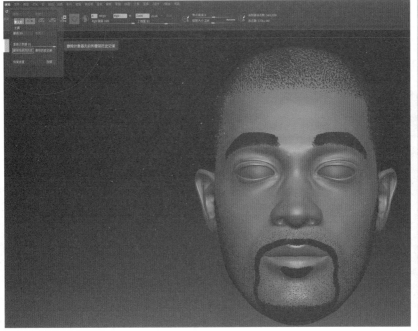

图 8-2-36

图 8-2-37

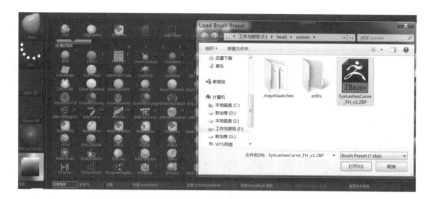

图 8-2-38

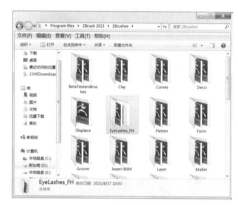

图 8-2-39

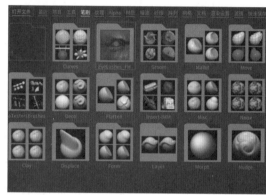

图 8-2-40

在绘制睫毛前，我们需要将模型的细分级别"低级"删除。选择 EyeLashes 笔刷，点击菜单栏上的笔触，点击"曲线修改器"—"大小"，并点击预览图，调整曲线的形状（图 8-2-41）。再将"曲线"—"曲线步进"滑块拉大（图 8-2-42）。点击菜单栏上的笔刷，在修改器选项下拖动"多网格选择"来选择合适的笔刷（图 8-2-43）。然后我们从眼

图 8-2-41   图 8-2-42   图 8-2-43

图 8-2-44

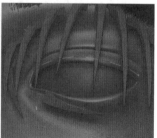

图 8-2-45

角开始，沿着眼皮拖动鼠标，形成一个曲线再松手（图8-2-44）。此时我们发现睫毛很大，且弯曲方向反了（图8-2-45）。

在子工具栏中，点击"拆分"—"拆分已遮罩点"（图8-2-46），这样睫毛就分离出来了。使用缩放工具和位移笔刷将睫毛调整至合适大小（图8-2-47），可以将睫毛模型导出Obj格式，导入到Maya中进行调整（图8-2-48）。

注意：该笔刷会产生多余的物体，并且绘制难度较高，使用频率较低，可作为拓展内容学习。

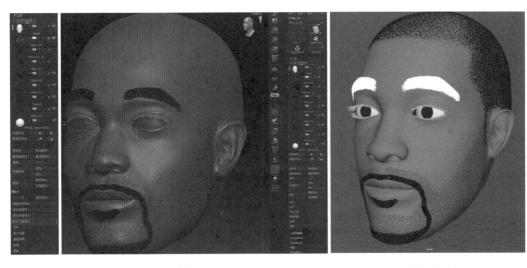

图8-2-46   图8-2-47   图8-2-48

课后练习

请将之前制做的人头模型导入ZBrush中雕刻，并赋予毛发，总结使用到的笔刷及效果。

8.3 文件导出与编辑

在雕刻完成之后，我们需要将模型导入到Maya中进行二次编辑。由于雕刻过程中对低模进行了修改，所以原来的低模将不能使用。同时，皮肤、毛发、睫毛等组件分别顺利导入Maya，需要专门的设置和编辑。文件的导出方式有很多种，可以根据不同情况选择合适的导出方式。

8.3.1 GoZ导出

GoZ导出是一种便捷的方式，我们只需要点击工具箱的GoZ按钮就能自动打开Maya。但是这种方法一次只能导出一个物体，并且导出的是物体的最低细分级别（图8-3-1）。如果要导出高模，需要"删除低级"。而对于子工具的多个物体则需要逐一点击。此方法在处理该类情况时不是很方便。

图 8-3-1

8.3.2　工具箱导出

工具箱导出也是一种文件导出方式，它可以导出许多常见的格式，如obj格式（图8-3-2），并且能够在不删除低级的情况下导出不同细分级别的模型（图8-3-3），但是对于多组件的情况仍然需要逐一导出。

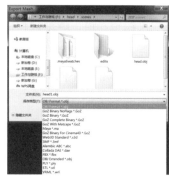

图 8-3-2

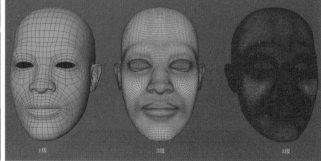

图 8-3-3

8.3.3　减面大师

减面大师是 ZB 的一个重要插件（图 8-3-4），它能够将子工具的所有组件一次性全部导出，且可针对毛发、皮肤纹理、外部笔刷等特定效果的文件，按照面数的等级进行网格化的处理，在 Maya 中以面片的形式存在，方便后期编辑。

图 8-3-4

8.3.4　文件导出编辑

现在，我们对模型进行导出。这里我们可以使用 GoZ 导出低模，再使用减面大师导出高模。点击 GoZ GoZ ，低模就导入进来了，在 Maya 中将其隐藏。然后点击"Z 插件"—"抽取（减面）大师"—"导出所有子工具"（图 8-3-5），将其导出为 obj 格式。在大纲视图中可以看到，所有组件都在其中（图 8-3-6）。现在我们将睫毛部分进行编辑（图 8-3-7）。在面模式下将多余的睫毛删除，在点模式下将睫毛的位置对齐，并复制一排下睫毛。

注意：调整睫毛时可以先将其分离 分离 ，再单个调节，然后打组复制下睫毛，最后合并镜像右侧睫毛。

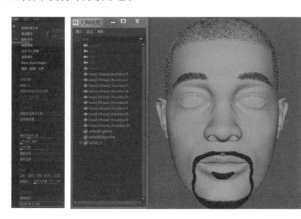

图 8-3-5　　　　　　　　　　图 8-3-6

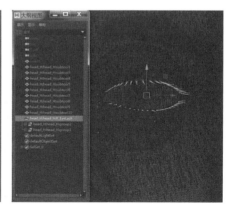

图 8-3-7

最后，我们检查一下文件的UV。耳朵的UV可以重合，头发的UV可以进行球形映射，胡子的UV可以进行平面映射（图8-3-8），调整好后保存。

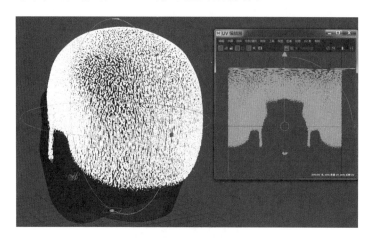

图 8-3-8

8.4 贴图与渲染

现在模型部分已经制作完成，我们需要将其导入Substance Painter中进行纹理贴图的绘制。通过之前的章节学习，我们知道了该软件通过图层叠加配合各种纹理笔刷实现想要的效果，这一节我们继续深入了解该软件有哪些具体功能，以及配合数位板来完善贴图绘制的方法。

8.4.1 Substance Painter绘制流程

首先，按照惯例在Maya中将高模导出为obj或fbx格式，注意，由于我们的模型是由头部、头发、胡须组成的，在绘制前可以根据需要分别导出。这里可以在scenes文件夹中创建obj文件夹（图8-4-1），用于放置文件（mtl为obj材质文件）。打开Substance Painter，在"文件"—"新建"的"新项目窗口"的模板选择"PBR – Metallic Roughness"，文件选择head_low.obj（低模），文件分辨率2048，点击OK。

图 8-4-1

　　然后，我们开始逐个绘制。第一步，点开最右侧纵向菜单栏的"显示设置"—"镜头设置"，将"镜头"—"视角（度）"设置为15（图8-4-2），这样模型看上去会平整一些。同时，按住Shift+鼠标右键调整光线视角至正面光。第二步，在TEXTURE SET 纹理集设置中"烘焙模型贴图"（图8-4-3），将输出大小改为2048，点击"烘焙所选纹理"（图8-4-4）。第三步，赋予一个基础材质。在默认材质库中可以找到现成的材质，我们也可以去官网上下载想要的材质（图8-4-5）。这里我们找到Human Bumpy Skin ⬤ 拖上去。

图8-4-2　　　　　　　　图8-4-3　　　　　　　　图8-4-4

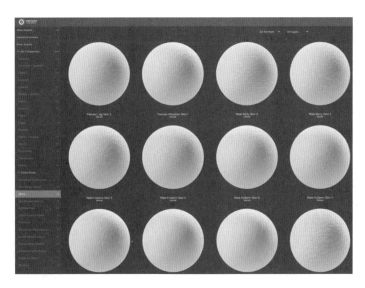

图8-4-5

　　现在，我们对材质球进行编辑。颜色：可以点开颜色面板，选择一个棕色，或者将我们的参考图导入PS中，用吸管工具吸取一个合适的颜色（图8-4-6），记住它的色值（图8-4-7），然后输入到Substance Painter的色值参数中，这样颜色就对应了。Roughness：0.65，反光度低一些。点开Technical parameters，将Height Range设置为0.03（降低凹凸度）（图8-4-8）。

切换到"填充",将"UV转换比例"设置为33（图8-4-9）。现在，Bumpy Skin材质就设置好了。

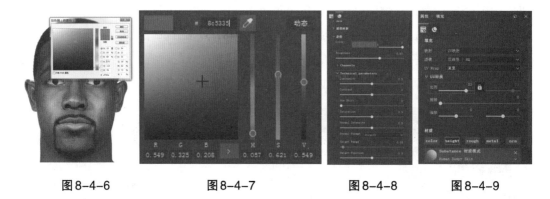

| 图8-4-6 | 图8-4-7 | 图8-4-8 | 图8-4-9 |

同理，再创建一个 Human Cheek Skin,将参数设置为一个较黑的凹凸度较高的材质（色值#503325/Roughness0.65/Height Range0.06/UV转换比例15）赋予模型，右击给该图层创建一个黑色遮罩（图8-4-10），设置画笔大小35，流量20，打开对称，将面部较深色的区域（脸颊、前额）画出来（图8-4-11）。当然，你可以根据面部不同部位再创建若干个材质球（Fore Head、Facial Hair、Eyebrow、Mouth），用上述方法画出对应的皮肤纹理，此处不做过多赘述。注意绘制时可以把画笔大小后面的压感取消、流量压感打开，将最小流量设置为5，配合数位板压感来画效果更佳。

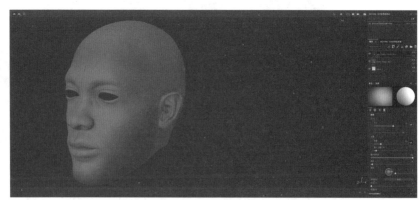

图8-4-10   图8-4-11

材质层做好之后，可以开始叠加颜色层来丰富皮肤的质感。在这里我们可以使用智能材质下的Skin Face来模拟。例如，赋予一个Skin Face，点开图层组，将SSS、AO、Base Skin

分别设置一个合适的颜色，同时将Roughness设置为0.6，然后给它一个黑色遮罩（图8-4-12）。现在，我们需要使用一些特定笔刷将该图层的雀斑、黑色素等皮肤杂质画出来。首先，我们可以将该图层流量降低，在其上方新建一颜色图层，给一个黑色遮罩，再选择Basic Soft笔刷（图8-4-13），将黑痣画出来。然后，添加一个填充图层，材质只保留color（图8-4-14），设置一个橘红色，添加黑色遮罩，这样我们就添加了一个颜色图层。选择Chalk Bumpy笔刷（图8-4-15），调整笔刷大小，将皮肤橘色的地方画出来。同理，再添加一个深色图层，选择一个Felt Tip Watercolor笔刷（图8-4-16）将额头的深色皱纹画出来。

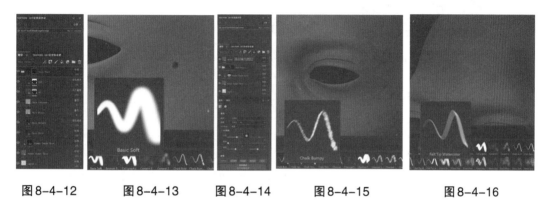

图8-4-12　　　图8-4-13　　　图8-4-14　　　图8-4-15　　　图8-4-16

最后，添加两个粉色的颜色图层，将上下嘴唇绘制出来。可以搭配橡皮擦工具擦出外轮廓。现在我们再选择一个Dirt3笔刷画出一些斑点，同时根据现实情况调整Roughness和Base Skin，让皮肤有一些光泽（图8-4-17）。

图8-4-17

纹理贴图部分就完成了，最后我们将文件保存并将贴图导出。点击"文件"—"导出贴图"（图8-4-18），在导出纹理窗口，将输出目录改成工程目录下"images"—"sp"（图8-4-19），点击"导出"。

 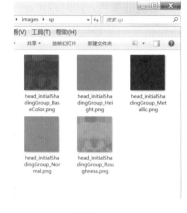

图 8-4-18　　　　　　　　　　　　图 8-4-19

8.4.2　Marmoset ToolBag

Marmoset Toolbag是由8Monkey（八猴）公司推出的一款实时材质编辑、渲染、动画编辑预览软件，它拥有多种渲染工具，贴图、材质、灯光阴影效果等，可以进行实时模型观察、材质编辑和动画预览。其中，法线烘焙及实时渲染功能是其最重要的两项功能，因其法线烘焙的速度和效果远好于Maya的烘焙效果，所以较多从业者会将其作为自己必要的第三方软件使用。

目前，Toolbag已经出到4.03版本，这里我们使用3.03版本来制作法线贴图。那么，为何要专门使用它来烘焙法线贴图呢？由于我们在Substance Painter中绘制时，直接使用高模进行绘制，而没有单独将低模烘焙高模，造成原有高模纹理缺失。所以，我们使用Toolbag将一开始的高模纹理烘焙出来，同时与Substance Painter中的法线贴图作比较，来看一看两者之间的区别。

首先，准备工作。我们选择低模的obj格式模型，导出当前选择。命名为head_low.obj（图8-4-20），这样我们就有了高低模的obj格式。

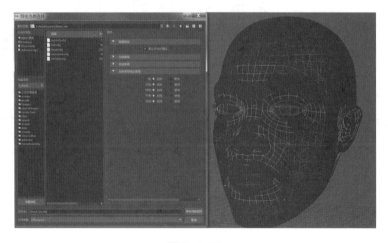

图 8-4-20

其次，打开Toolbag，它的界面十分简洁，为凹字型布局。左侧为模型烘焙图层区，右侧为材质区，底部为时间轴。现在，我们需要将低模和高模都导进来。点击"File"—"Import Model…"（图8-4-21），加选head.obj和head_low.obj。

点击New Baker。将蓝色的head低模拖到Low下面，蓝色的head_H高模拖到High下面（图8-4-22）。然后，点击Low，将Cage下的Max Offset拖动至包裹体刚好包裹在模型外面（图8-4-23）。点击"Baker1"，将Output输出路径设置为images文件夹，size为分辨率，sample为采样值（精度），maps为烘焙的格式，这里我们都选择默认，点击"Bake"（图8-4-24）。现在，我们导出了法线贴图的psd格式，再将其导入PS中转为png格式就完成制作了（图8-4-25）。

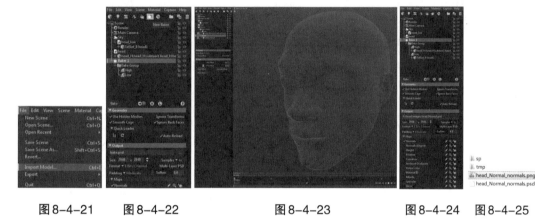

图8-4-21　　图8-4-22　　　　图8-4-23　　　　图8-4-24　　图8-4-25

8.4.3　法线贴图比较

现在，我们来比较一下两者的区别。在图片浏览器中可以清楚看到ToolBag的法线人脸面部轮廓十分清晰（图8-4-26），而Substance Painter中的则是皮肤的纹理（图8-4-27），两者差距明显。这是因为我们在Substance Painter中没有单独将高模烘焙到低模上。现在，我们打开Substance Painter重新烘焙一下。首先，新建面板中我们选择低模打开（图8-4-28）。其次，在烘焙面板中勾选"应用漫反射"，高模中选择head.obj高模文件，并只勾选法线，点击烘焙（图8-4-29）。最后，将纹理导出。

图8-4-26　　　　　　　　　图8-4-27

图 8-4-28 　　　　　　　　　　　　　　图 8-4-29

此时，我们在 Substance Painter 中又单独导出了一份法线贴图（图 8-4-30）。打开对比后发现两者差距并不十分明显，仅仅是在法线方向上一个凹陷一个凸起（图 8-4-31）。那么，如果将其导入到 Maya 中显示又会产生怎样的区别呢？在这里我们创建两个 Lambert 材质球，分别将两张法线贴图链接到凹凸贴图（用作切线空间）上，并将颜色空间选择为 RAW 格式，按 6 键。现在，我们就能够看到区别了，ToolBag 的凹凸感相对比 Substance Painter 更加强烈，尤其是在眼窝处，如图 8-4-32 所示。

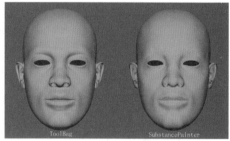

图 8-4-30 　　　　　　　图 8-4-31 　　　　　　　图 8-4-32

8.4.4　材质与渲染

接下来我们可以将贴图导入 Maya 中渲染了。上一节我们绘制了头部的纹理贴图，还剩下头发、眉毛和胡须。我们可以在 Substance Painter 中同理绘制，也可以在 PS 中绘制，还可以在 Maya 中赋予颜色材质球。在这里我们选择在 Maya 中赋予材质球。首先，选择眉毛，右击指定一个 Blinn 新材质，将颜色设置成黑色。同时，选择胡子，右击指定一个 Lambert 新材质，将颜色设置成黑色。仔细观察发现有些白胡子掺杂其中，我们可以在颜色通道上给一个"分形"材质（图 8-4-33）。将参数进行设置，其中比率和频率比为杂色的比例和平均覆盖率，默认颜色和颜色增益为基础颜色和杂色（图 8-4-34）。我们再给腮帮处胡须一个灰色的 Lambert，头发一个黑色的 Lambert（图 8-4-35）。在 Hypershade 中将这些材质球重命名，创建一个 SkydomeLight（图 8-4-36），点击工具架上 Arnold 下的渲染预览观察效果。

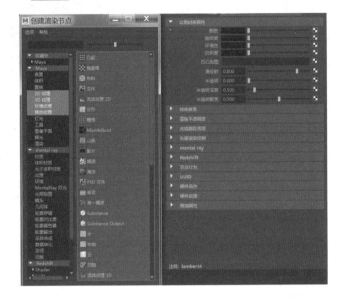

图 8-4-33　　　　　　　　　　　　图 8-4-34

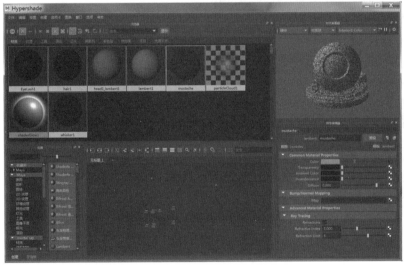

图 8-4-35　　　　　　　　　　　　图 8-4-36

　　然后开始制作面部的材质。在 Maya 中与 PBR 材质较好对接的是 aiStandardSurface，又叫 Arnold 万能材质球。它是 Arnold 的基础材质球，预设功能可以快速模拟出理想的效果。现在，我们在 Hypershade 中创建一个万能材质球，然后将 BaseColor（颜色）、Metallic（金属度）、Roughness（粗糙度）、Normal（法线）分别连接到 ai 材质球的 Color、Metalness、

Roughness、Bump Mapping上（图8-4-37），并将颜色空间选择为RAW格式（图8-4-38），按6键观察（图8-4-39）。同时，我们再将法线贴图替换成Toolbag的法线（图8-4-40），对比两者效果，发现法线贴图在颜色贴图的影响下区别并不大。

图8-4-37　　　　图8-4-38　　　　　图8-4-39　　　　　图8-4-40

最后，将眼睛模型的材质做出来。在这里我们可以使用面赋予的方式（同理小熊）对瞳孔所在的面进行颜色赋予（图8-4-41），眼白使用Lambert，瞳孔使用Blinn，然后复制另外一个眼睛。全部完成后，将当前场景渲染出来，如图8-4-42所示。

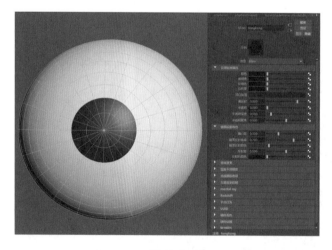

图8-4-41

图8-4-42

第9章 拓扑

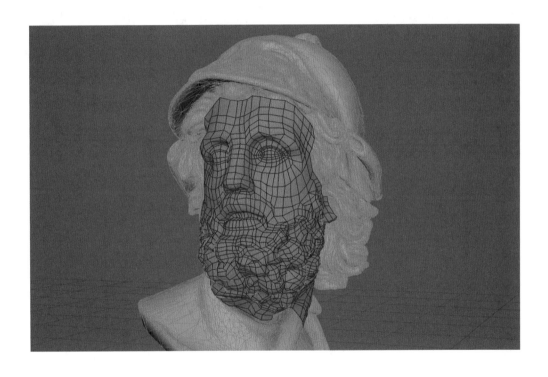

9.1 拓扑（Topology）

拓扑英文名是Topology，直译是地志学，最早指研究地形、地貌相类似的有关学科。几何拓扑学是19世纪形成的一门数学分支，它属于几何学的范畴。3D 建模里的拓扑是保持形状不变而改变物体网格结构的学科，如图9-1-1所示。模型拓扑是将高面数模型转换成可以用于动画游戏的低面数模型的过程。由于在ZBrush雕刻的模型不能直接作为"资产"导入游戏引擎中开发，需要根据多边形建模法则来减面，所以，拓扑是建模师必须掌握的一项技能。

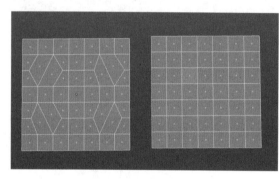
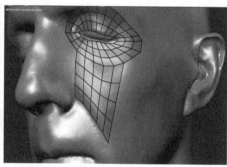

图9-1-1 图9-1-2

模型拓扑有多种途径，在Maya中使用四边形绘制工具拓扑、在第三方软件Topogun中拓扑、在ZBrush中使用ZRemesher或者Topology工具拓扑、使用ZiRail插件拓扑（图9-1-2）等。无论使用哪一种方式，最终的结果都是一致的，即做出符合布线规律的低模。

那么，如何才能快速有效地做出标准的拓扑模型呢？这里给出三点建议。

1.四边面法则

四边面模型需要遵循四边面法则，即尽可能使用四边面来表现模型。实在处理不了的三角面可以放置在隐蔽的位置。

2.结构平均布线法

以往的布线概念中分为结构布线和平均布线。所谓结构布线就是按照对象的物理/生理结构来布线，对应的是硬表面模型和生物类模型。硬表面模型为有结构的地方布线，没有结构的地方略过。生物类模型为复杂结构多布线，简单结构的少布线。平均布线则是在结构布线的基础上将网格之间的距离平均化，即大结构的过渡区域也需要布线，以此来平均网格。现在的布线法则是在两者的基础上进行融合，其中，生物类模型遵循"动则均匀，静则结构"法则。具体指运动少的部位不必考虑运动的可伸展性，只需表现出结构即可。眼，嘴，关节附近的肌肉，运动幅度大的部位，布线要均匀且形状相似。简言之，可以理解为结构正确且网格相对平均的布线法则。

3.星面位置

根据结构平均布线法产生的星面位置是需要仔细推敲的，哪些地方需要星面，哪些地方可以忽略，星面具体放在哪个点为合适等等。在这里建议初学者下载大量模型布线做参考，在拓扑之前先将模型布线走向画出草稿，对照布线图进行比对，来确定具体的布线走向。

　　拓扑和建模的内核是相同的，不同之处在于前者是逆向流程，后者则是正向流程。实践出真知是模型拓扑的关键，只有在进行了大量的动手实践后才能对理论的实际概念有所了解。那么，就让我们开始本章的学习吧！

9.1.1　三角面与四边面

　　在具体拓扑前，我们需要了解三角面模型与四边面模型的概念。三角面和四边面是最主要的两种模型。操作者在漫长的三维学习过程中难免会有疑问，什么样的模型使用三角面，什么样的使用四边面呢？事实上，所有的模型都是由三角面构成的，因为一个四边面等于两个三角面。在计算机图形学发展初期并没有四边面的概念。随着三维动画的产生，世界上的第一个三维动画模型由犹他实验室的艾德·卡特莫尔（现称为皮克斯）研发出来，并用在1976年的电影《未来世界》中，如图9-1-3所示，其中有四边面的运用。四边面的模型更加方便编辑（选边、环切、加线等），也更加便于模型结构布线，所以流行了起来。另外，在渲染游戏动画方面，渲染器的逐帧渲染算法与游戏的实时渲染算法不同，四边面效率高于三角面，所以动画模型多采用四边面。而在游戏制作方面，由于游戏引擎渲染只识别三角面，因此游戏模型多用三角面。所以，笼统来讲动画模型使用四边面，游戏模型使用三角面。另外，由于四边面布线规律使得模型在细分后仍然能够保持其原有结构，所以游戏模型建模初期也多使用四边面来处理。最后，关于三角面的概念问题，涉及游戏引擎的数据转换方式pipeline。三维软件中的三角面与游戏引擎中的三角面并非同一个概念。模型在导入游戏引擎后会被"资产化"，转化成游戏引擎能够读取的三角面。而四边面模型本质上也是三角面模型，所以无所谓使用哪一种。然而，Unreal 5的到来将此种情况改变了。它能够直接忽略原本四边面和三角面的存在，将高模（无数点状三角面构成）直接导入其中作为固定场景模型来使用（运动模型除外）。

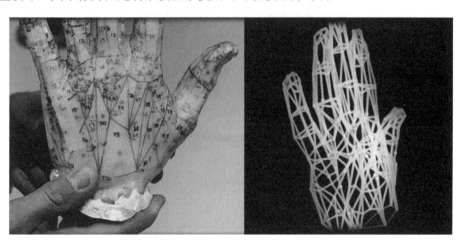

图9-1-3

在Maya的网格工具中有"三角化"和"四边形化"的命令。三角化可以将四边面模型转化成三角面模型，而四边形化不一定能将三角面模型转化成四边面模型。换言之，三角化的过程是将一个四边面分割成两个三角面（正向），而四边形化的过程则是将两个三角面拼成一个四边面（逆向）。即使是使用四边面建模的模型，在三角化之后四边形化仍然无法回到原来。例如，我们在处理人头模型时将该模型三角化得到正确结果，现在我们将此状态下的模型进行四边化，得到的却并非原来的结果，如图9-1-4所示。如此看来，"四边形化"并不能完全将模型按照结构进行四边化处理，需要进行手动"拓扑"。

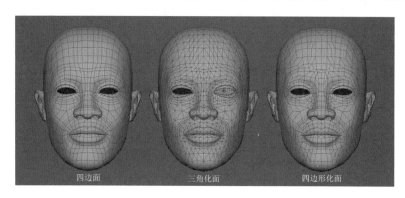

图9-1-4

9.1.2 准备工作

我们以石膏像为例，该模型为三角面模型，共241746个面，如图9-1-5所示。模型是否在世界坐标中心，属性通道栏的数值是否都为0，材质是否为默认lambert材质，大纲视图有无多余文件，以上为重要的注意事项。现在，我们需要将其复制一份并隐藏。

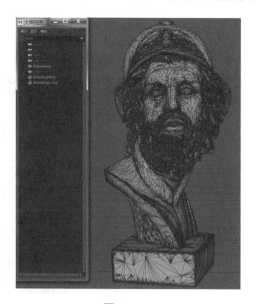

图9-1-5

9.1.3 四边形绘制工具

Maya中的拓扑环节主要使用"四边形绘制"工具 ✏️四边形绘制 。它除了可以在网格工具和工具架上找到以外，还可以在建模工具包中找到。在给对象拓扑的时候，可以先激活"曲面吸附"，这样绘制时就能将表面自动吸附到模型上了。我们来看一下"四边形绘制"的常用功能：

（1）四点成面。在模型上绘制四个点，按住Shift键点击中间则创建完成（图9-1-6）。接下去的四边面只需要沿着后面再点两个点后按住Shift键点击即可生成（图9-1-7）。

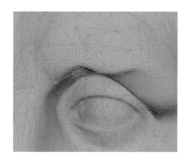
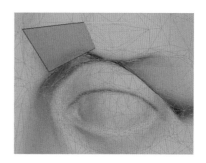

图9-1-6 图9-1-7

（2）Tab+左键拖拉边线为挤出单一面，Tab+中键拖拉边线为挤出连续面（图9-1-8）。按住Tab在空白处点击为创建正方形平面（图9-1-9）。

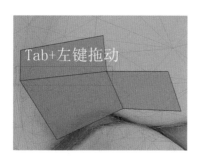
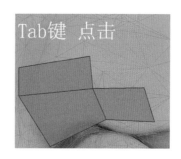

图9-1-8 图9-1-9

（3）Ctrl+Shift（黄色叉叉）+左键点击面是删除单个面（图9-1-10）。Ctrl+Shift+左键拖动面是删除连续面（图9-1-11）。Ctrl+Shift+点击边线可删除对应的边（图9-1-12）。

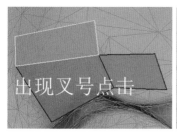

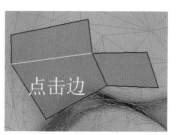

图9-1-10 图9-1-11 图9-1-12

（4）Ctrl+左键是加循环线（图9-1-13）。

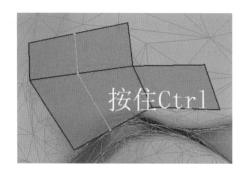

图9-1-13

（5）按住点向另一个点拖动为吸附合并（图9-1-14）。

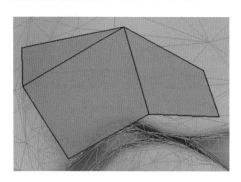

图9-1-14

（6）Shift+左键拖动为平滑松弛面（图9-1-15）。按一下B键为整体选择（图9-1-16）。

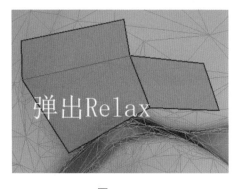 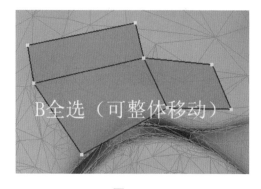

图9-1-15   图9-1-16

9.1.4　绘制流程

现在我们开始进行绘制。首先，我们可以先画出一个简单的布线图，如图9-1-17所示，让我们绘制时有明确的思路。此时不用将胡子和帽子部分的布线画的过于具体，我们会在后面的操作过程中再具体分析。

图 9-1-17

将该图导入 Maya 中。激活曲面吸附 （绿显），打开"四边形绘制工具"。首先，将眉弓右侧部分的面绘制出来。在绘制左侧时，使用 Tab+ 左键挤出单一面（图 9-1-18），并配合调点将前额部分做好（图 9-1-19）。其间可以使用 Ctrl 插入循环边（图 9-1-20）。

注意：我们在使用 Tab+ 中键挤出连续面时会出现一些没有实线显示的面，这是因为该面处在边缘位置，没有对应的点与模型贴合所致，在后续挤出时会自动消失。

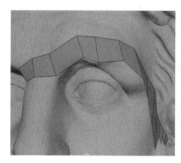
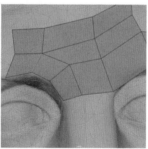
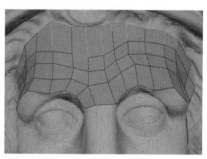

图 9-1-18　　　　　　　　　图 9-1-19　　　　　　　　　图 9-1-20

然后，我们将鼻子部分的面做出来。可以单独一个面一个面的挤出鼻梁部分（图 9-1-21），再从侧面分别挤出鼻背和鼻翼部分（图 9-1-22）。之后，我们从鼻头中间的边挤出鼻底部分（图 9-1-23），最后再从两侧挤出鼻孔。

接着，我们来做眼睛。可以先从眉弓挤出眼窝第一层（图 9-1-24），再从侧面鼻子部分挤出第二层（图 9-1-25），建议单个面操作，方便调点。在鼻梁处插入一条边（图 9-1-26），将眼角挤出（图 9-1-27）。最后，从眼角边线向内收拢（图 9-1-28），完成眼睛的面。注意：期间可以 Ctrl+Shift+ 左键删除多余的线，遇到三角面时可以拖动点合并。

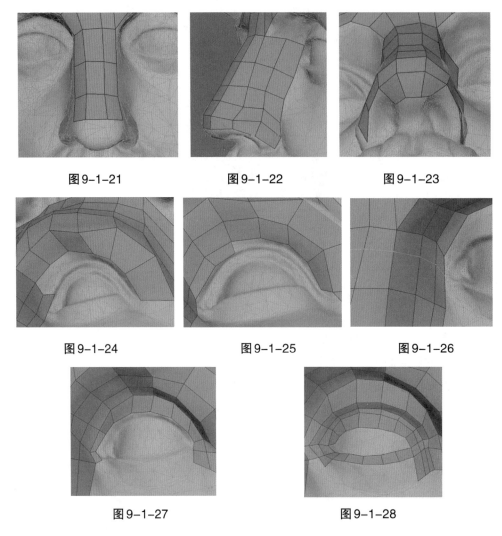

图 9-1-21   图 9-1-22   图 9-1-23

图 9-1-24   图 9-1-25   图 9-1-26

图 9-1-27   图 9-1-28

最后，我们将剩下的面部部分做出来。这里可以参考布线图，将眼轮匝肌和颧骨的星面处理好（图 9-1-29）。建议先按照线的走向调点，需要合点的地方就合点，将星面放在颧骨的位置。最后，同理将另一侧的面做出来（图 9-1-30）。

注意：由于 Maya 拓扑没有切线功能，在遇到三角面时，可以先删除（图 9-1-31），再插入一条边（图 9-1-32），再挤出来完成。

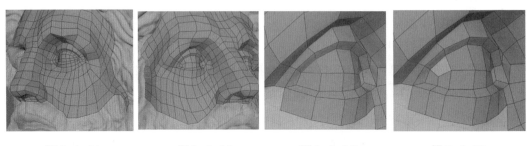

图 9-1-29   图 9-1-30   图 9-1-31   图 9-1-32

在面部处理好后,我们开始进入胡须的制作环节。由于胡子不像人头有固定结构,所以在布线方面可以相对自由一些。在这里我们可以先从鼻子部分的线出发(图9-1-33),沿着凹槽结构布线(图9-1-34)。另外,下嘴唇部分可以先不动,将一侧的胡子做好后再延伸到嘴唇(图9-1-35)。在拓扑胡子的过程中不用过分纠结细节,只要将明显的凹凸结构覆盖面即可(图9-1-36)。

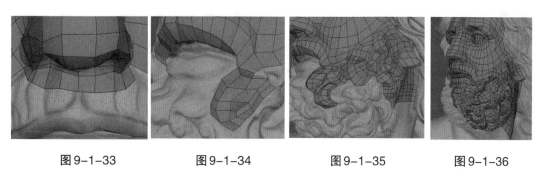

图9-1-33   图9-1-34   图9-1-35   图9-1-36

注意:拓扑需要有一定的耐心,做到一半需要保存时,可以先取消四边形绘制和曲面吸附,切换到对象模式再保存。下次打开时再激活便可继续。

同理,我们将另一侧的胡子拓扑完成,同时将脖子的面延展覆盖。注意:在遇到比较复杂的结构时,如图9-1-37所示,可以先在局部画出两点创建一个面,再从该面出发,将四周包裹起来(图9-1-38)。这样一点点的扩展开来,最终就能够全部覆盖(图9-1-39)。

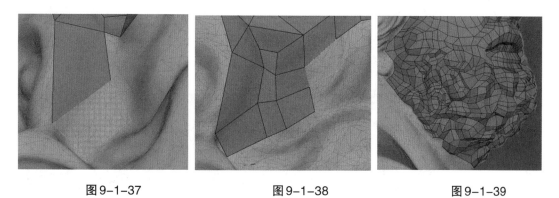

图9-1-37   图9-1-38   图9-1-39

现在,面部、胡须和脖子结构的拓扑就完成了,如图9-1-40所示。其他结构同理操作,在此不做赘述。我们跳出四边形绘制模式,取消曲面激活。同时,对低模进行清理,检查是否存在错面(图9-1-41)。最后,将模型软化边(图9-1-42),删除历史记录并保存。

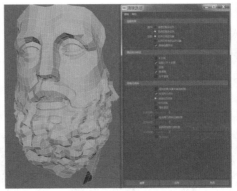
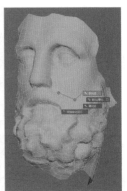

图9-1-40   图9-1-41   图9-1-42

9.1.5　UV与烘焙

现在，我们需要对拓扑完的模型进行检查，看一下有没有拓扑不到位的地方。在这里我们使用Toolbag的法线烘焙来测试。在烘焙法线贴图之前，需要对低模进行UV拆分。打开UV编辑器，将所有边线先缝合（图9-1-43）。然后，如图9-1-44所示，将鼻孔、眼睛、嘴巴中线、胡子和脖子的边线剪开，切换到对象模式，点击展开并排布。这样，我们就得到了一个正确的UV。将高低模分别导出obj格式（图9-1-45）。

> 注意：在烘焙法线时，低模的UV是必要的，而高模的UV是不需要拆分的。这是因为烘焙过程是将高模的凹凸纹理信息传递到低模的UV表面，并不涉及高模的UV。另外，高模与低模的面积不需要完全一致，高模面积应大于低模面积。如此案例中从低模（局部）到高模（完整）的烘焙过程。

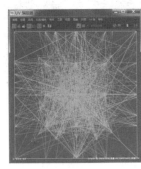
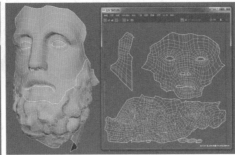

图9-1-43   图9-1-44   图9-1-45

现在，打开Toolbag，将高低模导入。选择高模，点击Newbaker，将低模和高模分别拖动到对应的文件包下（图9-1-46）。点击Low，调整Cage的最大距离（图9-1-47）。点击Baker1，设置好参数和导出地址后烘焙（图9-1-48）。然后将psd格式另存为png格式图片（图9-1-49）。

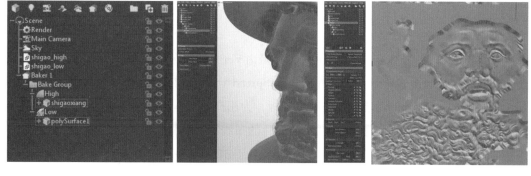

图9-1-46   图9-1-47   图9-1-48   图9-1-49

9.1.6 法线贴图比对

最后，我们将做好的法线贴图导入 Maya 进行比对。创建一个 Lambert 材质球，将 nor_normals.png 链接到凹凸贴图（使用切线空间法线）（图9-1-50），色彩空间选择 RAW（图9-1-51）。选择低模后按 3（平滑模式）和 6（贴图模式）键（图9-1-52），在这里我们需要将"凹凸深度"设置为 0.6，以还原高模效果。我们发现，虽然法线贴图能够显示高模的纹理信息，但是光影散射的效果总归有一点"假"，这也是 Unreal5 游戏引擎加入虚拟微多边形几何体（Nanite）技术的原因。

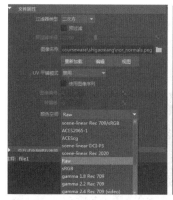

图9-1-50   图9-1-51   图9-1-52

总之，在 Maya 中主要使用四边形绘制工具来创建点生成或拖动边挤出进行拓扑。相对于 Topgun 软件和 ziRail 插件而言，它是极其漫长且考验耐心的，它的优点在于可以逐个点、线、面的调整四边形走向，并且是自带的工具。缺点在于不够智能，需要手动逐面绘制，不能快速地生成贴合模型结构的大面积布线，希望在未来的版本更新中有所调整。

9.2 ZiRail 插件

🌑 ZiRail 是一款 Maya 的拓扑插件，它是由 Vertexture 公司开发的专门用于生物类模型拓扑的插件，旗下的 ziCut（修改拓扑）、ziSpread（硬表面拓扑）和 ziConstraint（二次拓扑）可以为 ziRail 之外的功能性缺陷补足短板，为用户的工作流提供选择。ziRail 可以沿着笔触绘制的路径生成多边形面片，并调节面片的布线等。这样，创建多边形的过程就变得直观了。可以将其用作重新拓扑任务的辅助工具。ziRail 能够创建自定义 Maya 节点，并随时保留在场景中，核心节点的类型为 ziRail。绘制的多边形面片的源网格为 outMesh，它连接到 ziRail 节点的 ziRailMesh。我们可以通过 UI 处理这些操作，进行节点绘制的流程编辑。在绘制过程中，一旦绘制出一个多边形就会在网状网络中创建一个 ziPatchNode 节点以支持撤销或重做。可以调整模式创建类型为 ziTweakNode 的自定义节点，并通过 UI 处理与网格的连接，方便及时地调整拓扑形状。

目前 ziRail0.9 支持 Maya 2022 版本。这里我们以 ziRail0.85，在 Maya 2018 平台操作为例。先将其安装在 Maya 2018 版本中。首先，将 ziRail 安装包内 plug-ins 文件夹里面对应版本的 ziRail_2018.mll 和 ziWireframeViewport_2018.mll 拷贝到 Maya 安装位置。然后，将 ziRail 安装包内的所有文件拷贝到 C:\文档\maya\2018\scripts 文件夹。最后，打开 Maya，在脚本编辑器的 Python 栏里输入 import zi_rail 和 zi_rail.main()（图 9-2-1），点击执行按钮。现在，场景中就会弹出 ziRail 面板。选择石膏像模型，点击 Set Source，再点击 RAIL MODE，就可以在模型上绘制了。我们在面部画两条线（图 9-2-2），按回车，就创建了一个面片。面板中的 USPans 和 VSPans 分别为 UV 向的段数，我们可以按箭头调整（图 9-2-3）。

图 9-2-1

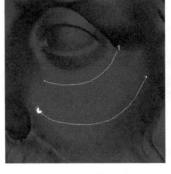
图 9-2-2

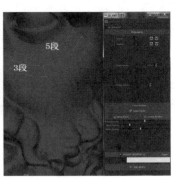
图 9-2-3

点击 Toggle 可以切换显示模式（图 9-2-4），也可以点击 SHADER VIEWPORT UI，在调色面板中选择需要的颜色。按住 Ctrl+Shift 点击面片两端的点，再接着画一根线（图 9-2-5），它们就连接起来了。按后退键可退出继续模式。当有两个面片需要连接时，先 Ctrl+Shift 点击需要连接的点，然后按住 Shift+ 中键点击对面的一个端点，弹出绿色区域后按回车（图 9-2-6），面片就桥接起来了。

需要更改边线位置时，Ctrl+Shift点击边线端点，然后按住Ctrl+左键拖动一条线（图9-2-7），边线就会自动位移到刚才画的线的位置。当我们需要将网格平均化时，可以点击Relax Brush配合适当的参数来涂抹网格。其中，Relax Intensity为笔刷强度，Relax Radius为笔刷半径，Tweak Radius为扭曲半径（图9-2-8）。当我们需要绘制封闭的区域，如眼轮匝肌时，可以先在眼眶外侧画两个圈，然后点击Close Strokes闭合，再回车（图9-2-9）。这样一个封闭的网格就做好了，可以再去调整UV段数。

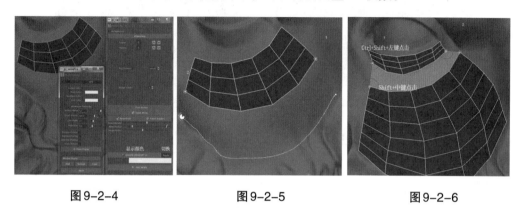

图9-2-4   图9-2-5   图9-2-6

注意：该功能只能绘制过渡相对平坦的结构，曲度过大的结构（如眼睛）无法实现（图9-2-10）。

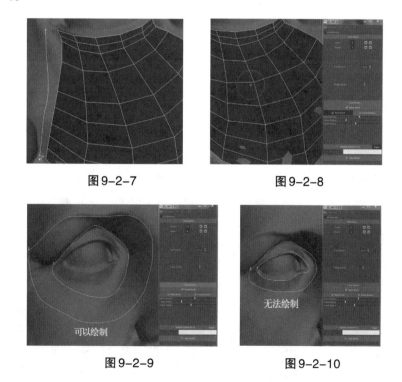

图9-2-7   图9-2-8

图9-2-9   图9-2-10

最后，当我们画好后需要退出时，可以先按一下Q，在大纲视图选择ziMesh（图9-2-11），删除它的历史记录，这样我们就保存好了。其中，ziRail为插件的操作记录，在最终绘制好后可以删除。ziRail 作为 Maya 的一个拓扑插件可以配合传统四边形绘制来搭配使用（图 9-2-12），作为传统拓扑的辅助大大提高了拓扑的效率，是工作流上的一大进步。

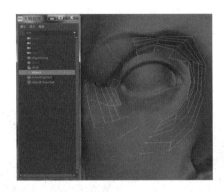 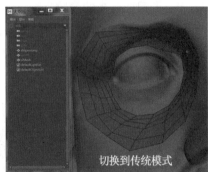

图 9-2-11　　　　　　　　　　　　　　　图 9-2-12

9.3　Polygon Cruncher 插件

Polygon Cruncher 是一款减面软件，作为插件可以在 Maya、3D max 和 LightWave 中使用。针对 Maya 的"减少"（Reduce）所造成面的结构的变化，可以在不影响 3D 模型外观的前提下，尽量减少模型（三角面）的多边形数量，同时在高优化比的情况下不损失细节，是一款相对实用的软件。目前该软件出到 13.60 版本，支持 Maya 2022。

该软件安装时应在界面勾选 Maya2022（x64），安装在 Maya 2022 的根目录下。然后，在插件管理器中勾选 PolygonCruncher.mll（图 9-3-1）。现在，插件已经加选上去了，但是我们在工具架和菜单栏看不到它。事实上，它被安插在了属性编辑器中，需要通过脚本激活。先创建一个球体，点击属性编辑器。打开右下角的脚本编辑器，选择 mel 并输入 polyCrunch。选择该字符，点击面板中的执行小箭头（图 9-3-2），这样在属性编辑器中就多出 PolygonCruncherSettingNode1 节点（图 9-3-3）。勾选 Keep Textures，点击 Calculate，然后拖动 Optimization Ratio（优化比例）滑竿（图 9-3-4），就可以实现减面了。

图 9-3-1　　　　　　　　　　图 9-3-2　　　　　　　　　　图 9-3-3

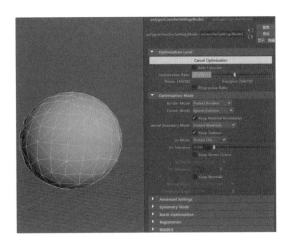

图 9-3-4

注意，该插件只能对三角面模型进行减面，在遇到四边面模型时（图9-3-5），会先转换成三角面再减面（图9-3-6），布线结构会发生变化（图9-3-7）。所以，在处理四边面模型时，该插件的用处并不明显。

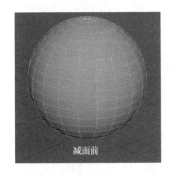  

图 9-3-5　　　　　　　　**图 9-3-6**　　　　　　　　**图 9-3-7**

第10章　常用操作与其他工具

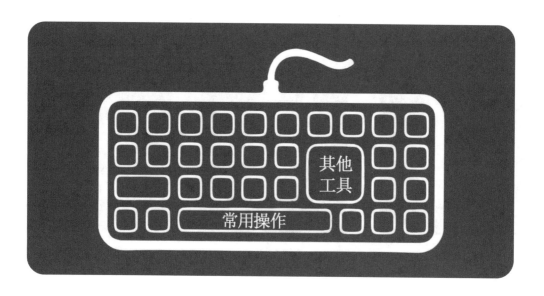

10.1　常用操作

软件操作方式的不同往往会给用户带来不适的体验，尤其是同类别的不同软件。所以，总结常用操作是有必要的。Maya操作习惯的养成主要是靠Shift、Ctrl、Alt、空格键搭配鼠标左中右键来完成的，如图10-1-1所示。下面，我们来分别梳理他们的使用场景。

图 10-1-1

10.1.1　Shift键

Shift键在模型编辑过程中一般以按住后鼠标右键长按热盒的形式存在。创建基本体时按住Shift键为正规体（正方体、正球体等）。选择模型后按住Shift键右击为弹出建模常用工具热盒（图10-1-2）。在模型的三层级（点、线、面）状态下按住Shift键右击为弹出层级编辑工具热盒（图10-1-3至图10-1-5）。其中，有方向箭头的工具存在二级菜单。另外，Shift键有快速选择的功能。例如，在边模式下选择一条边，然后按住Shift键（出现一个加号）双击则快速选中了这一圈边（图10-1-6），点和面同理。

    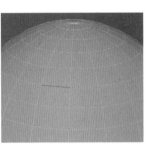

图 10-1-2　　　　图 10-1-3　　　　图 10-1-4　　　　图 10-1-5　　　　图 10-1-6

Shift键的第二大功能是编辑器窗口下的热盒菜单。例如，在UV纹理编辑器下，按住Shift键右击为常用工具面板（图10-1-7）。同理，在点、线、面层级下操作为对应层级的快捷操作面板（图10-1-8至图10-1-10）。

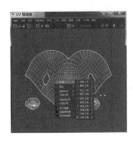 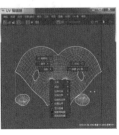 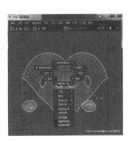 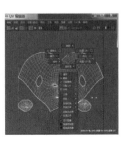

图 10-1-7　　　　　图 10-1-8　　　　　图 10-1-9　　　　　图 10-1-10

10.1.2　Ctrl键

Ctrl键在模型编辑过程中同样以按住后鼠标右键长按热盒的形式存在。在选择点、线、面时按住Ctrl键为减选。选择模型后按住Ctrl键右击为弹出选择工具热盒（图10-1-11）。在模型的三层级（点、线、面）状态下按住Ctrl键右击为弹出三层级选择工具热盒（图10-1-12），同样有二级菜单。另外，在选择状态下，Ctrl+F9/F10/F11/F12分别为点、线、面、UV的全选状态切换（图10-1-13）。

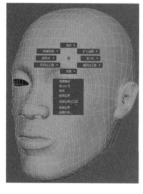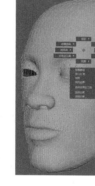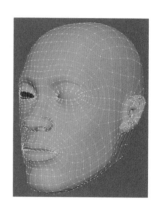

图10-1-11　　　　　　　图10-1-12　　　　　　　图10-1-13

10.1.3　Alt键

Alt键主要搭配鼠标左、中、右键来进行视图的旋转、位移、缩放。Alt键+鼠标右键按住拖动为放大缩小编辑器视窗对象的显示大小。例如，在Hypershade中操作为放大缩小材质球显示，在UV纹理编辑器中操作为放大缩小UV显示（同理鼠标中键滑动）等等。另外，Alt键第三个功能为微调。例如，选择一个点，按住Alt键配合上下左右键可以进行像素级别的位移（图10-1-14）。

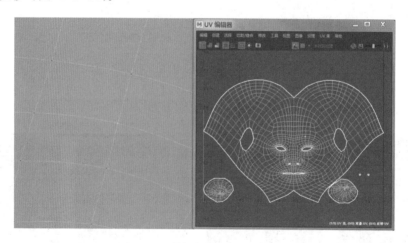

图10-1-14

10.1.4　空格键

空格键为Maya的主要菜单热盒键，一般搭配鼠标左键进视图切换热盒，如图10–1–15所示，在做一些特定视角（底视图）时经常会使用到它。

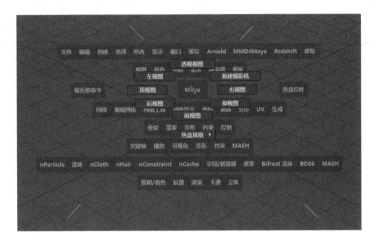

图10–1–15

10.1.5　搭配键

以上三个键在相互搭配后会产生一些快捷效果，在不同的使用情景下显示功能不同。可以按F1打开Maya 2022帮助文档来参看快捷键的具体使用情况。如图10–1–16所示为帮助文档的建模快捷键，如图10–1–17所示为编辑操作快捷键。

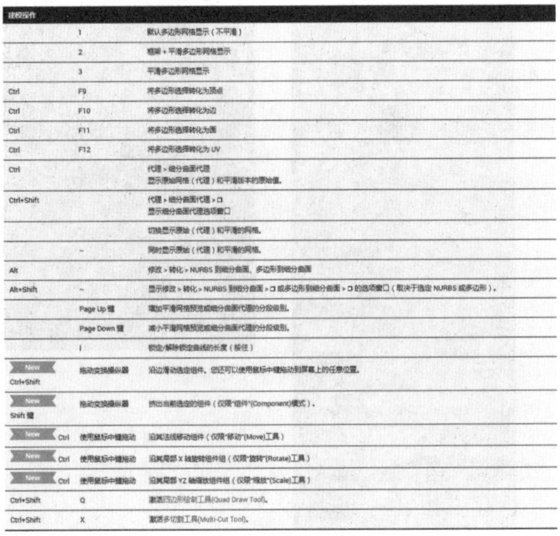

建模操作		
	1	默认多边形网格显示（不平滑）
	2	框架 + 平滑多边形网格显示
	3	平滑多边形网格显示
Ctrl	F9	将多边形选择转化为顶点
Ctrl	F10	将多边形选择转化为边
Ctrl	F11	将多边形选择转化为面
Ctrl	F12	将多边形选择转化为 UV
Ctrl		代理 > 细分曲面代理 显示原始网格（代理）和平滑版本的原始值。
Ctrl+Shift		代理 > 细分曲面代理 > ❐ 显示细分曲面代理选项窗口
		切换显示原始（代理）和平滑的网格。
	~	同时显示原始（代理）和平滑的网格。
Alt		修改 > 转化 > NURBS 到细分曲面、多边形到细分曲面
Alt+Shift	~	显示修改 > 转化 > NURBS 到细分曲面 > ❐ 或多边形到细分曲面 > ❐ 的选项窗口（取决于选定 NURBS 或多边形）。
	Page Up 键	增加平滑网格预览或细分曲面代理的分段级别。
	Page Down 键	减小平滑网格预览或细分曲面代理的分段级别。
	I	锁定/解除锁定曲线的长度（按住）
New Ctrl+Shift	拖动变换操纵器	沿边滑动选定组件。您还可以使用鼠标中键拖动到屏幕上的任意位置。
New Shift 键	拖动变换操纵器	挤出当前选定的组件（仅限"组件"(Component)模式）。
New Ctrl	使用鼠标中键拖动	沿其法线移动组件（仅限"移动"(Move)工具）
New Ctrl	使用鼠标中键拖动	沿其局部 X 轴旋转组件组（仅限"旋转"(Rotate)工具）
New Ctrl	使用鼠标中键拖动	沿其局部 YZ 轴缩放组件组（仅限"缩放"(Scale)工具）
Ctrl+Shift	Q	激活四边形绘制工具(Quad Draw Tool)。
Ctrl+Shift	X	激活多切割工具(Multi-Cut Tool)。

图10–1–16

编辑操作		
Ctrl 键（或 ⌘）	z	编辑 > 撤消(Edit > Undo)
Ctrl 键（或 ⌘）	y	编辑 > 重做
	g	编辑 > 重复
Shift 键	G	在鼠标位置重复命令
Ctrl	d	编辑 > 复制
Shift 键	拖动任何变换操纵器	编辑 > 复制
Ctrl+Shift	D	编辑 > 特殊复制
Shift 键	D	编辑 > 复制并变换
Ctrl	g	编辑 > 分组
	p	编辑 > 父对象
Shift 键	P	编辑 > 断开父子关系
Ctrl 键（或 ⌘）	x	编辑 > 剪切
Ctrl 键（或 ⌘）	c	编辑 > 复制
Ctrl 键（或 ⌘）	v	编辑 > 粘贴

图10–1–17

另外，Shift+Ctrl键搭配操作会弹出热盒菜单。例如，在模型选中后按住Shift+Ctrl键右击为模型选择工具热盒，如图10–1–18所示。在UV纹理编辑器下，按住Shift+Ctrl键右击

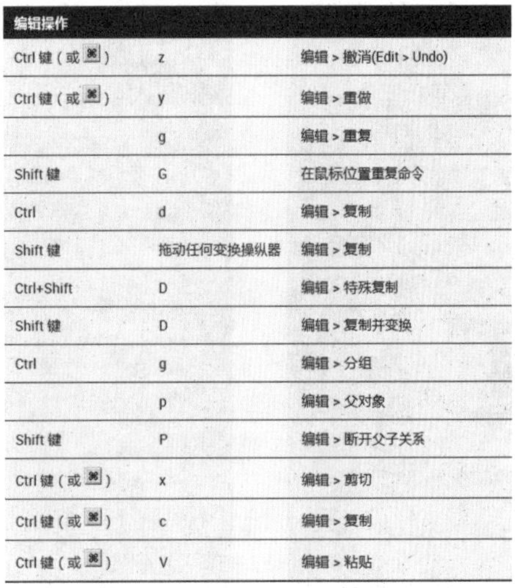

为 UV 选择工具热盒，如图 10-1-19 所示。Maya 的搭配快捷键还有许多，在此不过多赘述。

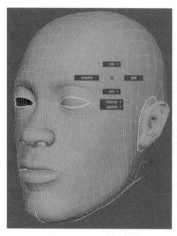

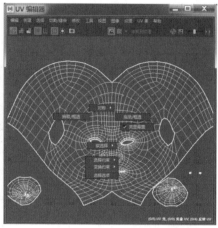

图 10-1-18   图 10-1-19

10.2 其他工具

　　打开 Maya 的建模工具包，会发现里面集合了常用的建模工具（图 10-2-1），这些工具是在日常建模流程中使用频率最高的。前面的章节中我们已经用到了一些建模工具，如图中"网格（图 10-2-2）"、"编辑网格（图 10-2-3）""网格工具（图 10-2-4）"红框标注。在 Maya 中还有其他目前没有使用的工具，这些工具中有些会经常会用到，而有些使用频率不高或者与常用工具功能类似。在这里我们汇总这些工具并分析它们的特殊使用场景。

图 10-2-1   图 10-2-2   图 10-2-3   图 10-2-4

10.2.1　一致

"一致" 一致 是将一个物体表面贴合到另外一个物体上，常用在给模型穿衣服等情形下。另外，两个模型的贴合度不是很高时也可以使用"一致"。例如，我们想让一个平面贴合在球体上，可以选择球体激活"磁吸"（图10-2-5），然后选择平面，点击"网格"——"一致"（图10-2-6），这样平面就贴合在球体上了。

注意：使用一致工具的物体段数不能太低（图10-2-7）。另外，如果两个模型之间差距较大也不能使用该命令，会导致低模发生形变（图10-2-8）。

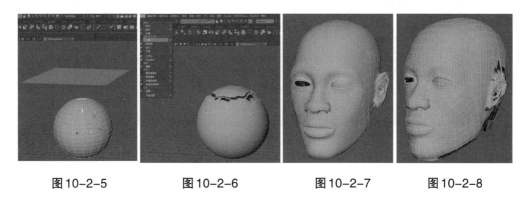

图10-2-5　　　　图10-2-6　　　　图10-2-7　　　　图10-2-8

10.2.2　填充洞

"填充洞" ◆ 填充洞 是使用频率较高的工具，它可以将一个相对规则的洞填充。例如，我们想将眼睛部分的洞填起来，可以先选择一圈边，点击"网格"——"填充洞"（图10-2-9），这样眼睛就被补上了，如图10-2-10所示。

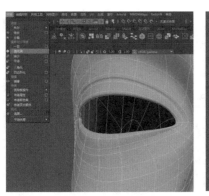
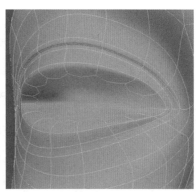

图10-2-9　　　　　　　　图10-2-10

10.2.3　减少

"减少" 减少 是用来减面的工具。它的使用频率不高，主要原因在于一些情况下减面的同时模型的布线结构也会发生改变，所以一般不使用该工具来减面。例如，选择头部模型，点击"网格"—"减少"（图10-2-11），我们看到面被减少的同时，布线结构也发生了变化，如图10-2-12所示。

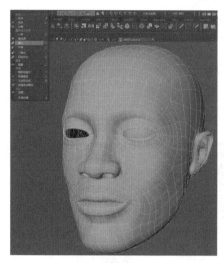 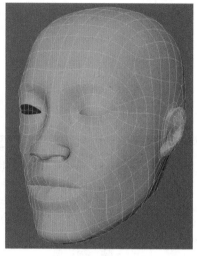

图10-2-11 　　　　　　　　　图10-2-12

10.2.4　传递属性

"传递属性" ［传递属性］是将一个已展开UV的物体传递给未展开UV的物体，前提是两者一模一样。在制作眼睛等物体的UV时会用到。例如，当前有两个人头，我们需要将展开的UV传递给未展开的模型。可以先选择已展开UV的物体，加选未展开UV的物体，点击"网格"—"传递属性（属性）"，将采样空间选择为"组件"，点击传递，如图10-2-13所示，这样UV就被传递上去了。

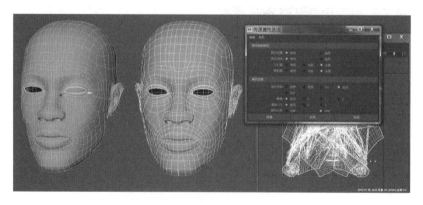

图10-2-13

10.2.5　传递着色集

"传递着色集" ［传递着色集］是将已着色的模型UV传递到未着色的模型UV上，前提是两者一模一样。例如将有红圈的模型着色传递给没有着色的模型。可以先选择有红圈的物体，加选没有红圈的物体，点击"网格"—"传递着色集（属性）"，将采样空间选择为"局部"，点击传递，如图10-2-14所示，这样着色就被传递上去了。

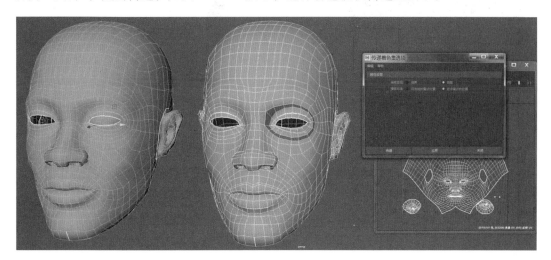

图10-2-14

10.2.6　传递顶点顺序

"传递顶点顺序" **传递顶点顺序** ，是将点数和拓扑相同的两个模型的顶点进行顺序传递，可以通过blendshape进行表情传递。在点模式下选择点数和拓扑相同的两个模型，点击传递点序命令，然后选择原模型同一个面上的三个点，再选择目标模型该位置同一个面上的三个点，这样目标模型点序就会和原模型点序一致，如图10-2-15所示，模型点序传递完成。

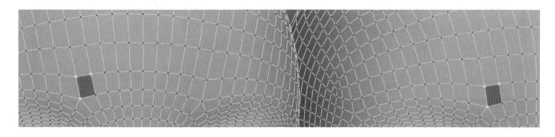

图10-2-15

10.2.7　平滑代理

在角色模型的制作过程中有时需要看到模型的光滑效果。Maya提供了一个"平滑代理"的命令（图10-2-16），方便我们查看物体光滑的效果。例如，在制作人头时，我们关联复制另一半后，选择它后点击"网格"—"平滑代理"—"细分曲面代理"，然后选择模型外侧的线框删除（图10-2-17），这样该区域就平滑显示了（图10-2-18）。该菜单下的其他命令可参考Maya 2022帮助文档。

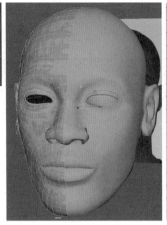
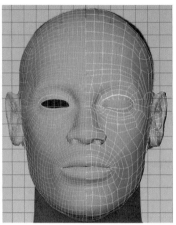

图 10-2-16   图 10-2-17   图 10-2-18

10.2.8　添加分段

编辑网格下第一个命令为"添加分段"，该命令的作用类似平滑，可以将模型按照细分级别来增加段数。例如，选择模型，点击"添加分段"后的属性框，默认为"指数，1级别，四边形"。指数是基于"分段级别"（Division levels）设置（图10-2-19），以递归方式分割选定的面。也就是说，选定的组件将被分割成两半，然后每一半进一步分割成两半，依此类推。面上的分段位置依赖于面周围的边界边数量。1级别是指定选定面上发生的分割数。四边形是指分割成四边面。如果我们将设置改为"指数，2级别，三角形"（图10-2-20），则是在原有基础上将一个四边面拆分成12个三角面（1级别是4个）。

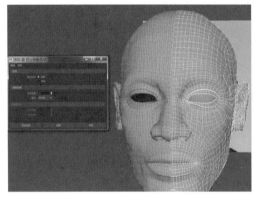
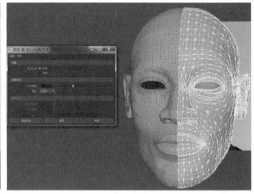

图 10-2-19   图 10-2-20

10.2.9　圆形圆角

编辑网格下第四个命令为"圆形圆角"，可以将选定组件（顶点、边和面）重新组织为完美的几何圆形，我们在处理需要圆形化的结构时可以使用它。如处理消防栓栓口结构时就可以使用该工具。选择栓口结构的面（图 10-2-21），点击"编辑网格"—"圆形圆角"，方形就变成圆形了（图 10-2-22）。

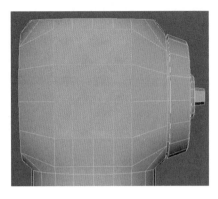
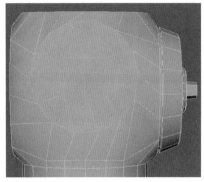

图 10-2-21　　　　　　　　　　　图 10-2-22

10.2.10　收拢

编辑网格下第五个命令为"收拢"，可以将选定的边和面收拢为一个点，我们在处理大面合点的情况下需要使用它。例如，选择栓口结构的面（图 10-2-23），点击"编辑网格"—"收拢"，选中的面就变成一个点了（图 10-2-24）。

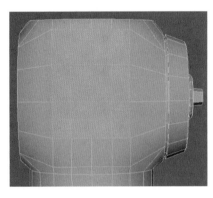

图 10-2-23　　　　　　　　　　　图 10-2-24

10.2.11　连接

编辑网格下第六个命令为"连接" [连接]，可以在选定的一圈边的中间插入一条边，其作用与插入循环边类似，在需要插入段数时可以使用它。例如，消防栓圆柱中间需要插入一条边。我们可以先选择这一圈边（图 10-2-25），点击"编辑网格"—"连接"（图 10-2-26），就插入成功了。

注意：默认情况下"使用边流插入"是取消的，如果我们勾选并设置为1（图 10-2-27），结果会根据周围网格的曲率来插入。

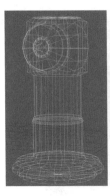
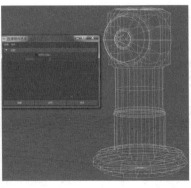
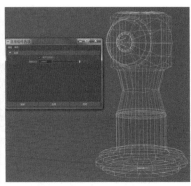

图10-2-25　　　　　　　图10-2-26　　　　　　　图10-2-27

10.2.12　分离

编辑网格下第七个命令为"分离" 分离，可以将选定的面从主体上分离开来，其功能类似于"提取"，该工具的使用频率较高，在需要对某一个面进行分离时可以用到它。例如，消防栓栓口结构的面需要分离。我们可以先选择这一圈面（图10-2-28），点击"编辑网格"—"分离"，这样面就被分离开了（图10-2-29）。

图10-2-28　　　　　　　图10-2-29

10.2.13　合并到中心

编辑网格下第十个命令为"合并到中心" 合并到中心，可以将选定的点、线、面合并为一个点，其功能与收拢类似，只是收拢不能在点层级下使用。例如，选择栓口结构的面，点击"编辑网格"—"合并到中心"，选中的面就变成一个点了。

10.2.14　变换

编辑网格下第十一个命令为"变换" 变换，可以将模型的MASH网格向外部扩张，我们在处理一些模型形变时可以使用它。例如，选择人头的点，点击"编辑网格"—"变换"，在弹出的方向键手柄按住Z轴向外拖动（图10-2-30），这样所有的面就都被扩展开了。

注意：默认状态下随机值为0，如果我们打开它的属性面板，将随机值设置为1再操作，就会得到扭曲的效果（图10-2-31）。

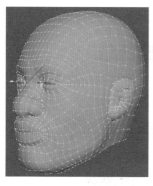
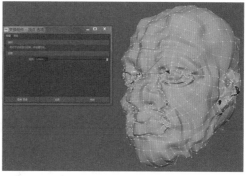

图10-2-30　　　　　　　　　　图10-2-31

10.2.15　翻转

编辑网格下第十二个命令为"翻转" ，可以将选定点、线、面的部分翻转到另一侧。例如，选择平面上一角的点（图10-2-32），点击"编辑网格"—"翻转"，这时需要点击一条用于对称翻转的边（图10-2-33），这样选中区域就被翻转到另一侧了（图10-2-34）。

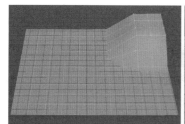
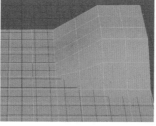
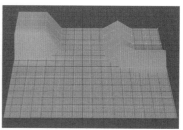

图10-2-32　　　　　　　　图10-2-33　　　　　　　　图10-2-34

10.2.16　对称

编辑网格下第十三个命令为"对称" ，可以将点、线、面选定的部分对称到另一侧。例如，选择平面上一角的点（图10-2-35），点击"编辑网格"—"对称"，点击一条用于对称的边（图10-2-36），选中区域就被对称到另一侧了（图10-2-37）。

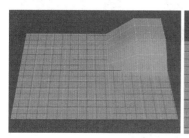
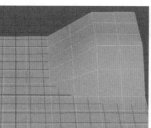
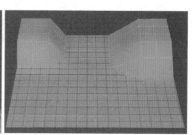

图10-2-35　　　　　　　　图10-2-36　　　　　　　　图10-2-37

10.2.17 平均化顶点

编辑网格下第十四个命令为"平均化顶点" ，可以将选定的点平均化，在处理一些凹凸不平的面时可以使用。例如，人头腮帮处的点凹凸不平，我们将其选中，点击"编辑网格"—"平均化顶点（属性）"，在属性面板中设置平滑量为10（图10-2-38），多次点击"应用"，逐步调整到需要平滑的状态。注意：该命令一般用在结构内部的局部面，如应用于整体结构的点会破坏其原有形状。

图 10-2-38

10.2.18 切角顶点

编辑网格下第十五个命令为"切角顶点" ，可以将选定的点破成一个面（炸点），在内部模型需要制作方形或圆形结构时可以用到它。例如，在制作小熊眼睛结构时，可以先切线做出一个星面，然后选择中心的点（图10-2-39），点击"编辑网格"—"切角顶点"，就拓展出了一个正方形（图10-2-40），然后按住Shift键右击，选择圆形圆角组件，该面就变成了一个圆形的面（图10-2-41）。

 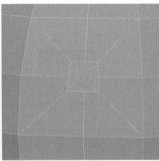 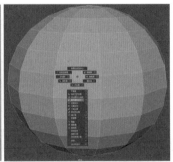

图 10-2-39　　　　　　图 10-2-40　　　　　　图 10-2-41

10.2.19 对顶点重新排序

编辑网格下第十六个命名为"对顶点重新排序" ，可以将一个模型的顶点顺序重新排列，且每次只能选择3个点进行排序。点击"显示"—"多边形"—"组件

ID"—"顶点"（图10-2-42），打开头部模型的点序显示，然后点击"编辑网格"—"对顶点重新排序"，弹出剪刀图标。这里我们依次选择嘴角星面的三个点923、922、918（图10-2-43），然后这三个点就按照0、1、2的顺序排列了（图10-2-44）。

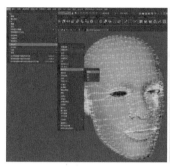 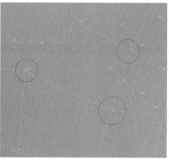 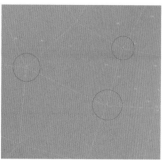

图10-2-42　　　　　　　图10-2-43　　　　　　　图10-2-44

10.2.20　编辑边流

编辑网格下第十八个命令为"编辑边流"　编辑边流　，可以将模型一圈边的位置调整进而将整体结构进行伸缩，我们在调整圆柱体的曲率时可以用到它。如我们想将消防栓的圆柱结构变成方形，可以先选择外立面中间的线，点击"编辑网格"—"编辑边流"（图10-2-45），然后在快捷面板上按住鼠标左键将"调整边流"拖为0，这样底边就收缩了（图10-2-46）。

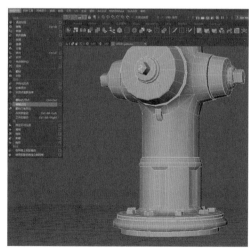 

图10-2-45　　　　　　　　　　　　图10-2-46

10.2.21　翻转三角形边

编辑网格下第十九个命令为"翻转三角形边"　翻转三角形边　，可以将两个三角面共享的边进行翻转，在布线调整三角面时会用到它。例如，消防栓栓口有一个三角面的边需要调整，可以选中边（图10-2-47），点击"编辑网格"—"翻转三角形边"，这样边的方向就翻转了（图10-2-48）。

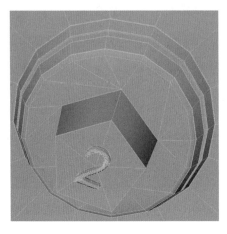
图10-2-47

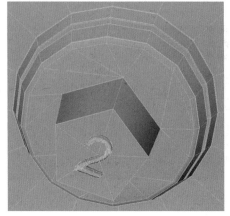
图10-2-48

10.2.22　反向自旋边/正向自旋边

编辑网格下第二十个和二十一个命令为"反向自旋边/正向自旋边" ，可以将一条边的方向向右或向左旋转。例如，消防栓星面的一条边需要改变方向（向右），可以选中边（图10-2-49），点击"编辑网格"—"反向自旋边"，这样边的方向就向右了（图10-2-50）。

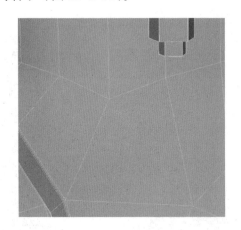
图10-2-49

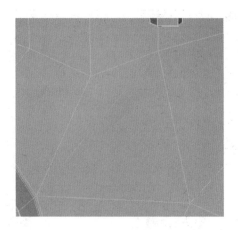
图10-2-50

10.2.23　指定不可见面

编辑网格中第二十二个命令为"指定不可见面" ，在Maya软件渲染器中，可以使被指定的面在渲染时被隐藏。例如，将消防栓的一圈面指定不可见面，渲染设置切换到Maya软件渲染器，点击渲染，就会发现指定的面被隐藏了（图10-2-51）。

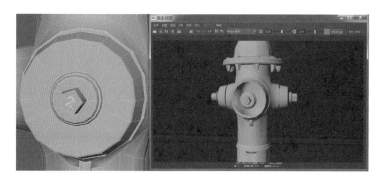

图10-2-51

10.2.24　刺破

编辑网格下第二十三个命令为"刺破" ![刺破] ，可以将一个面的中心切出两条交叉线，从而形成一个点，在需要为内部面生成点时可以使用它。例如，选择一个正方体的面，点击"编辑网格"—"刺破"，即可形成一个交叉点（图10-2-52）。

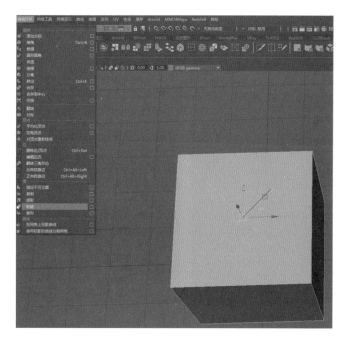

图10-2-52

10.2.25　楔形

编辑网格下第二十四个命令为"楔形" ![楔形] ，可以将一个面的边变成一个扇形圆角，在制作有过渡圆角的模型（管道等）时会使用到它。例如，我们需要将正方形的边变成一个扇形圆角，可以在多重层级下选中面和边（图10-2-53），点击"编辑网格"—"楔形"，然后左键拖动快捷面板的"楔形角度"和"段数"来调整弧度（图10-2-54）。

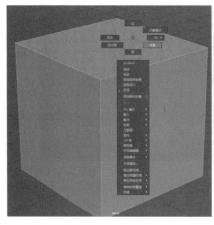
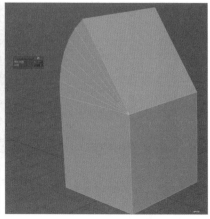

图 10-2-53   图 10-2-54

10.2.26　在网格上投影曲线

编辑网格下第二十五个命令为"在网格上投影曲线"　[在网格上投影曲线]，可以将曲线投影到网格上，在制作复杂图案的浮雕效果时会用到它。例如，我们需要将一条曲线投影在平面上，可以先选择平面，再加选曲线（图 10-2-55），点击"编辑网格"—"在网格上投影曲线"，这样曲线就投影上去了（图 10-2-56）。

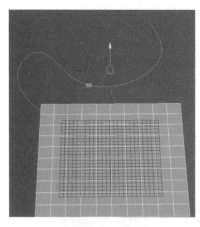
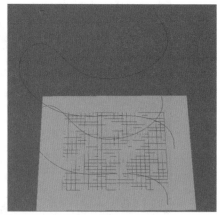

图 10-2-55   图 10-2-56

10.2.27　使用投影的曲线分割网格

编辑网格下第二十六个命令为"使用投影的曲线分割网格"　[使用投影的曲线分割网格]，可以将曲线投影后的网格分离，搭配"在网格上投影曲线"使用。如需要将曲线划分的部分分离，可以先选择平面，再加选生成的曲线（图 10-2-57），点击"编辑网格"—"使用投影的曲线分割网格"，网格就被分离了（图 10-2-58）。

注意：此工具只能在一条曲线的情况下使用，如遇两条或者多条曲线时不可用。

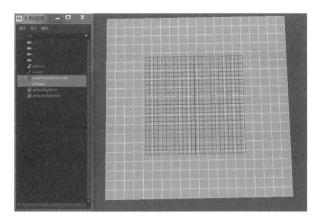
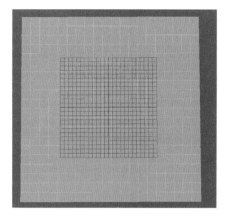

图 10-2-57　　　　　　　　　　　　　图 10-2-58

10.2.28　附加到多边形

网格工具下第一个命令为"附加到多边形" ▦ 附加到多边形 ，可以将一个洞进行补齐，其功能与填充洞类似，可以补齐不规则的洞。例如，正方形缺一个面需要补齐，选择模型，点击"网格工具"—"附加到多边形"，弹出十字笔刷，可以先点击一条边（图 10-2-59），弹出粉色的三角箭头，再点击右侧的边（图 10-2-60），就补出一个三角面，再回车就完成了（图 10-2-61）。如果我们点击的是对面的边，则补齐该面。

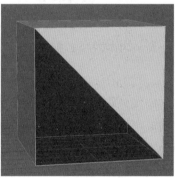

图 10-2-59　　　　　　　图 10-2-60　　　　　　　图 10-2-61

10.2.29　连接

网格工具下第二个命令为"连接" ⬢ 连接 ，可以在选定的一圈边的中间插入一条边，其作用与插入循环边类似，我们在需要插入段数时可以使用它。

注意：在编辑网格中也有一个"连接"命令，两者功能是一样的，只是编辑网格的连接是选定需要插入的边再执行命令，而网格工具的连接是点击后弹出黑色小箭头图标（小剪刀），再在需要插入的边上面点击插入。两者的操作方式略有不同。

10.2.30 折痕

网格工具下第三个命令为"折痕" ● 折痕，可以将选定的一圈边进行平滑显示固定，其作用类似硬表面高模的"卡线"效果（图10-2-62）。例如，消防栓栓口边缘需要在平滑显示时硬化，我们可以先选中边，点击"网格工具"—"折痕"，弹出白色小箭头图标（小剪刀），按住鼠标中键拖动控制折痕程度，最大值为2，这样边缘就加粗显示了，按3可以看到硬边效果（图10-2-63）。

注意："折痕"并非真正的加线，只是在显示状态下硬化，我们可以点击"显示"—"多边形"—"折痕边"将其关闭（图10-2-64）。

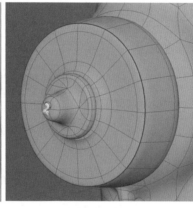

图10-2-62　　　　　　　　图10-2-63　　　　　　　　图10-2-64

10.2.31 创建多边形

网格工具下第四个命令为"创建多边形" ◤ 创建多边形，可以通过绘制任意形状来创建平面，且可以在透视图下操作。例如，要创建一个对钩的形状，只需打开"创建多边形"，切换到顶视图绘制一个对钩图形后回车（图10-2-65），就创建好了。

注意：在绘制过程中出现交叉重叠时将自动按照当前形状生成图形（图10-2-66），且面方向是反的（图10-2-67）。

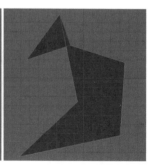

图10-2-65　　　　　　　　图10-2-66　　　　　　　　图10-2-67

10.2.32　生成洞

网格工具下第六个命令为"生成洞" ⬡ 生成洞，可以让物体表面的一块面被另一个块面投影出一个洞，是使用频率较低的工具。例如，有一个段数为 3×3 的立方体和一个长方形的面，选择立方体，点击"生成洞"（图 10-2-68），然后选择中间的面，再选择长方形的面（图 10-2-69），等待片刻，立方体中间即抠出一个洞。

注意：该工具需要应用在具有一定段数的模型上，另外，更改投射物体的形状不会影响被射洞的形状。

图 10-2-68　　　　　　　　　　　　　图 10-2-69

10.2.33　偏移循环边

网格工具下第八个命令为"偏移循环边" ▥ 偏移循环边，可以在物体边缘两侧插入一条边，常用于硬表面模型结构边线。例如，将一个立方体的一边插入两条边，可以先选择模型，打开"偏移循环边"，在需要插入的边上按住鼠标左键拖动（图 10-2-70），虚线位置就是插入的位置。

图 10-2-70

10.2.34 雕刻工具

网格工具下第十二个命令为"雕刻工具" 雕刻工具 ，可以选择不同类型的雕刻笔刷对物体进行雕刻，类似ZBrush的部分效果，在工具架上也能找到（图10-2-71）。雕刻工具在对牛物类模型编辑时可配合数位板操作，达成更好的效果。

图10-2-71

例如，在处理人头的结构凸起时，可以打开"雕刻工具" （图10-2-72），按住B键拖动调整笔刷大小（图10-2-73），再激活对称，然后在模型上绘制，这样结构就凸起了。其他工具的操作方法同理，此处不多赘述。注意：由于雕刻工具在模型制作流程中并不能完全取代ZBrush的大部分功能，因此它的使用频率不高。

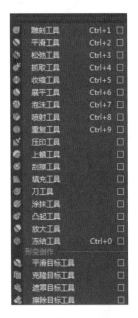

图10-2-72

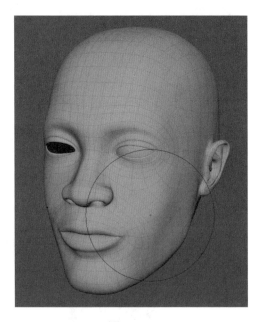

图10-2-73

10.2.35 滑动边

网格工具下第十三个命令为"滑动边" 滑动边 ，可以将物体的边进行滑动。例如，选择立方体的一条边，打开"滑动边"，然后鼠标中键拖动（图10-2-74），边就可以任意移动了。

图 10-2-74

10.2.36　目标焊接

网格工具下第十四个命令为"目标焊接" ▢▯ **目标焊接**，可以将物体的点或边滑动到另一个点或边上并焊接上去。例如，选择立方体，进入点层级，打开"目标焊接"，选择一个点鼠标中键按住拖动到另一个点上（图 10-2-75），就合并了。同理边也是一样（图 10-2-76）。

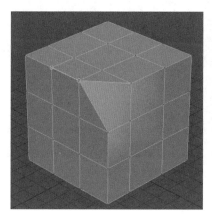

图 10-2-75

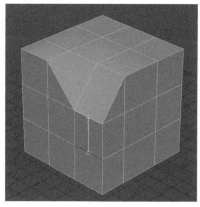

图 10-2-76

第11章　拓展概念

Autodesk公司于2021年3月更新了Maya 2022版本。与建模相关的第三方软件除了Photoshop、Substance Painter、ZBrush、Crazy Bump和Toolbag以外，还有Rizom UV（展UV）（图11-1-1）、Mari（纹理贴图）（图11-1-2）、Marvelous Designer（服装设计）（图11-1-3）、Topogun（拓扑）（图11-1-4）等。但并不代表每个人都需要全部掌握。根据项目要求和工作习惯，选取最合适的软件来学习是效率最高的。随着时代的不断发展，新技术的产生推动着行业标准的革新，学习新的软件已然成为一种趋势，如何快速学会一款软件成为每个学生的当务之急。或许在未来，"软件学"会成为一个独立的专业，不同的学者、工程师从软件制作、软件使用方法、用户体验等多维度进行开发与研究。可以说，熟悉行业标准、了解行业动态、学习必要性软件是时代使然。

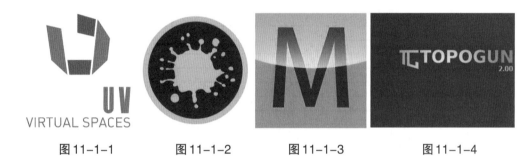

图11-1-1　　　　图11-1-2　　　　图11-1-3　　　　图11-1-4

11.1　行业标准

无论是初学者，还是已经上手多年的普通用户，抑或是在行业里摸爬滚打过多年的从业者，都会面对一个同样的问题——建模的行业标准是什么？这是一个十分重要且宽泛的问题。初学者会思考模型应该做成什么样子，普通用户会思考模型做到什么程度才算合格，公司从业者会思考模型该做成什么样子才能符合项目要求，而项目要求对模型的各个方面是否有一个具体的标准呢？在了解这一个问题之前，我们需要先弄清楚另外一个问题，其他行业有其对应的具体标准吗？

首先，从标准的定义来看。"标准"是对重复性事物和概念所做的统一规定，它以科学技术和实践经验的结合成果为基础，经有关方面协商一致，由主管机构批准，以特定形式发布作为从业人员共同遵守的准则和依据。在这里我们可以看到，标准是一种由主管机构所认定并发布的用来共同遵守的准则。例如，汽车制造行业会对不同类型的车的体积、载重、排量、发动机规格等一系列参数有一个明确的标准，但是对汽车的外观、款式、颜色等方面没有具体的标准。再如，轮胎的参数标准有许多种，根据不同车型不同款式会对应不同参数的轮胎。随着车企的发展，新车型的诞生，又会随之配套有着新的参数标准的轮胎，如图11-1-5所示为米其林轮胎规格。所以，标准是一个相对宽泛的概念。它会有一个大的框架，但是其中一些具体且微小方面的事项并没有明确的规定。

Rim Diameter	规格	载重指数	速度级别	最大载重 公斤	横截面宽 毫米	总直径 毫米	滚动周长 毫米	轮辋最小宽度 英寸	测量轮辋宽度 英寸	轮辋最大宽度 英寸	备注
22	295/40R22	112	V	1120	301	795	0	10	10.5	11.5	
20	275/45R20	110	V	1060	273	756	0	8.5	9	10	
	265/50R20	107	V	975	277	774	2360	7.5	8.5	9.5	
	255/50R20	109	V	1030	265	764	2330	7	8	9	
	315/35R20	106	W	950	320	728	2220	10.5	11	12.5	
	275/40R20	106	W	950	278	728	2220	9	9.5	11	
19	255/55R19	111	V	1090	265	763	2327	7	8	9	
	255/50R19	107	H	975	265	739	2253	7	8	9	*
	285/45R19	107	V	975	285	739	2253	9	9.5	10.5	
	275/45R19	108	V	1000	273	731	2230	8.5	9	10.5	N0
18	255/55R18	109	V	1030	265	737	2247	7	8	9	N0
	255/55R18	109	H	1030	265	737	2247	7	8	9	DT
	255/60R18	112	V	1120	0	0	0	0	0	0	
	235/55R18	100	V	800	245	715	2180	6.5	7.5	8.5	
	255/55R18	109	H	1030	265	737	2247	7	8	9	*
	265/60R18	110	H	1060	272	775	0	7.5	8	9.5	MO
	285/60R18	120	V	1400	292	799	2436	8	8.5	10	
	275/60R18	111	H	1090	279	787	0	7.5	8	9.5	
17	265/65R17	112	H	1120	272	776	2366	7.5	8	9.5	
	225/55R17	101	H	825	233	680	2074	6	7	8	
	235/65R17	104	V	900	240	738	2250	6.5	7	8.5	
	255/60R17	106	V	950	260	738	2250	7	7.5	9	
	245/65R17	107	H	975	248	750	0	7	7	8.5	
	275/55R17	109	V	1030	284	734	2238	7.5	8.5	9.5	
16	235/70R16	106	H	950	240	736	2244	6	7	8	
	265/70R16	112	H	1120	272	778	2373	7	8	9	
	245/70R16	107	H	975	248	750	2287	6.5	7	8	
	235/60R16	100	H	800	240	688	2098	6.5	7	8.5	
	215/65R16	102	H	850	221	686	2092	6	6.5	7	DT
	275/70R16	114	H	1180	279	792	2416	7	8	9	

图 11-1-5

其次，从标准的应用范围来看。我们经常会在各种商品上看到"ISO标准"的词眼，ISO 标准是指由国际标准化组织（International Organization for Standardization）**ISO** 制定的标准。该组织的主要工作是制定国际标准，协调世界范围内的标准化工作，与其他国际性组织合作研究有关标准化问题。由此可见，行业标准是一个非常复杂的问题，需要各国合作研究制订。我们今天能看到的大部分国际标准也都是一些较为宽泛的参数标准，符合了这些参数就证明已经达到了国际标准。而更加直观化的类别如形制、外观、材质、颜色等是没有统一标准的。

最后，从标准的用途来看。国际标准的产生是为了在世界范围内促进标准化工作的开展，以利于国际物资交流和互助，并扩大知识、科学、技术和经济方面的合作。其作用如同秦始皇统一中国时期施行"车同轨、书同文、行同伦"一样，是为了方便统一，促进行业内部的交流与发展。所以，建模的行业标准可以从一个大的宽泛的概念来分析概括。

现在，回到一开始的话题，建模的行业标准是什么。在此，笔者将之笼统概括为以下四点：面的类型、面数、面的必要性、面的结构性。

1.面的类型

面的类型是指模型是由什么类型的面组成的。在Polygon诞生以前，NURBS曾经主宰过三维世界很长一段时间，曲面就是一种类型的面。我们熟知的激光扫描生成三维模型的过程实际上是由激光扫描仪将对象扫描成Lidar SDK（一种机载激光扫描标准数据），如图11-1-6所示，再由网格重建与优化后变成多边形。而ZBrush模型也是一种特有的数据。例如，过去的次时代游戏使用ZBrush雕刻高模，如今，为了还原真实世界场景，激光扫描（一般医用）也被应用于次时代游戏制作中。如《黑神话：悟空》当中许多静止的模型就是扫描完成的，如图11-1-7所示。

仔细观察能够发现，扫描模型与ZBrush模型有一定的差别。所以，面的类型指所做的模型是使用何种方式产生的面。它不仅是三角面与四边面的区别，更是模型产生方式的区别。

图 11-1-6   图 11-1-7

2.面数

面数的行业标准是指不同类型模型的面数要求。这个层面的标准也是十分宽泛的。从应用范围上分，动画、游戏、特效、3D打印对不同规格的模型面数要求不同。从各自的内部结构上分，以游戏为例，游戏行业中网游、手游、不同年代的主机游戏、次时代游戏等都有其对应的一个宽泛的面数要求，如图11-1-8所示，我们不能简单以计量单位"百、千、万"来定义不同时期的低模和高模的面数。游戏业经常能够听到"3A"大作，似乎3A就是一种较高的游戏标准。事实上，3A并非一个正式的学术用语，也不是区分游戏水平的标准，它是美国游戏行业用于产品评级的一个通俗的指标，凡是符合AAA的游戏就属于大制作的游戏。通俗来讲，这里的3A分别指代高成本、高体量、高质量。例如，最著名的《战神》系列就是标准的3A大作。其模型面数的标准，需要和每个版本所对应年代的行业通用模型标准做比较。《战神1》是索尼圣塔莫尼卡工作室于2005年3月22日在PlayStation 2平台上发售的次时代游戏。在那个时代，大部分主机游戏还都是600～1000面的角色模型，而战神中的角色已经是平均1000～2000面了。随着PlayStation 3平台的诞生，其面数成倍增加。到《战神4》发售时，角色的平均面数已达到2万～3万个面。所以，从面数上看，大于同类型游戏模型面数是 3A 大作的一个大致标准，至于究竟为多少面，不同角色（主角、配角、NPC、怪物等）是根据不同项目的具体要求来定的。

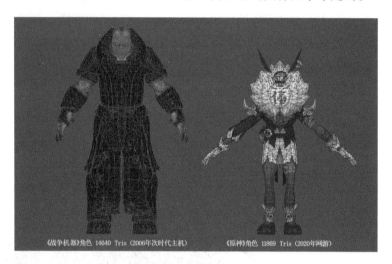

《战争机器》角色 14640 Tris (2006年次时代主机)　　　《原神》角色 11869 Tris (2020年网游)

图 11-1-8

3. 面的必要性

这里指的是过渡面的必要性。例如，在制作面部模型时，动画模型与游戏有较大的区别。考虑到在制作人脸的各种面部表情时，面部肌肉运动带动网格运动，绑定时在需要运动的点周围都需要有面的支撑，如图 11-1-9 所示，这样结构之间的过渡面就显得尤为重要。再如，手臂运动的关节处的面固然会很密集，为了不影响过渡运动产生的拉伸情况，上臂与前臂的面也不能太少，如图 11-1-10 所示。而游戏模型就完全不同。考虑到游戏引擎所能承受的负载，游戏模型的面数一定要精简和平均，即该有的面必须平均分布。如人脸和手臂，游戏模型必须兼顾结构面与过渡面的统一，即结构的地方必须有面，过渡的地方则简化处理，如图 11-1-11 所示。所以，不同类型模型的面是需要区别对待的，在制作过程中需要将面的必要性考虑进去。

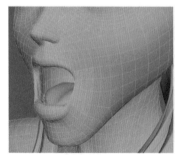
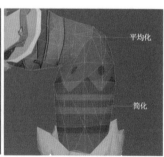

平均化

简化

图 11-1-9　　　　　　　图 11-1-10　　　　　　　图 11-1-11

4. 面的结构性

这里的结构性指的是按照模型的结构去布线，如图 11-1-12 所示。同时四边面模型需要符合四边面法则。面的结构性在人体布线章节已经做了详细阐述，在此我们需要注意的是无论在制作低模、雕刻高模、还是拓扑的过程中，布线规律都是最为重要且容易忽视的理论基础。不同的人做的模型可能各不相同，它布线的大致框架却是相似的，如图 11-1-13 和图 11-1-14 所示。其中的细微差别会在星面位置、过渡面处理及三角面位置上反应出来。所以，面的结构性是非常重要的。

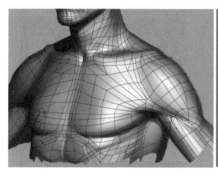  

图 11-1-12　　　　　　　图 11-1-13　　　　　　图 11-1-14

　　总之，模型与其他行业相似，并没有一个统一的参数化行业标准。但是，可以笼统的参照以上四个方面，根据不同类型、不同用途参考其相应的标准来制作模型配合项目要求，从而在达到一般标准的基础上更加优化整体质量，实现理想的效果。

11.2　行业动态

　　及时关注行业最新动态是每一个建模师必备的素养，了解当下正在发生的技术革新和未来发展趋势有助于自身水平的提高，更能够在未来的竞争中站稳脚跟。游戏与动画有诸多相似之处。无论是制作流程（前中后期）还是涉及的软件（Maya、3D Max），都有共通的地方。两者最大的区别在于后期的整合方式，游戏是通过游戏引擎来整合的，而动画是通过渲染器来整合的。整合方式的革新是行业最重要的动态，它不仅能改变传统制作流程，还能影响相关行业的发展。以动画制作流程中需要用到的软件来看，早期三维动画的制作流程是前期（PS）+中期（Maya/3D Max/C4D）+后期（PR/AE），我们需要熟练掌握这些软件才能制作出一部独立的作品。现在，随着游戏引擎 Unreal Engine 5 的出现，如图 11-2-1 所示，它不仅改变了传统游戏行业的制作流程，也影响了三维动画的制作模式，它的 Sequencer 套件不仅可以渲染和导出整个场景动画，还能够分割每个镜头的逐帧动画，进行剪辑与合成，成为未来动画行业的主流。与之类似的如 VR 虚拟现实平民化，三维立体成像技术等都是在近几年出现的。所以，关注行业发展动态是必须的。那么，有哪些途径可以便捷地关注动态呢？笔者认为主要有两种方式：线上及线下。线上方式有多种途径，软件官方网站（Autodesk、Adobe、ZBrushCentral 等）（图 11-2-2）、视频网站（B

站、腾讯、优酷等）、游戏评测及论坛网站（IGN、GameSpot、Steam评论区、游民星空等）（图11-2-3）、微信公众号（Thepoly、七点GAME等）。线下主要是参观各种展会，如E3、ChinaJoy、高新技术设备展，等等。当然，通过一些专业培训机构或是公司的内部员工了解也未尝不是一种途径。总之，新技术的产生如同Maya的年度更新一般，总是随着行业的波动性发展萌生出新的可能，成为督促从业者不断改变现有工作流程的一种潜在动力。

图11-2-1

图11-2-2

图11-2-3

11.3 软件学概念

从人类进入信息时代以来，计算机带来的变革是巨大的。无论工作还是生活，计算机已然成为第一生产工具。现代办公离不开计算机，根据不同行业的不同需求，除了通用软件（Word、浏览器、QQ等）以外，对应行业需求的软件就是该专业的必修课。如同数媒专业必须学习PR、AE，产品设计专业必须学习AI、犀牛，室内设计专业必须学习CAD、3D Max等，不同行业不同工种有其对应的软件。所以，笔者认为，在现代社会学习专业更像是在学习软件。好比画家的画笔和调色盘，又如同书法家的毛笔，在学会画画和书法之前必须先学会如何使用这些工具。虽然，学专业并不完全等同于学软件，但是软件的使用的确是初学者进入专业大门的一道屏障。目前，互联网上数以万计的软件让人们眼花缭乱，每年也会有源源不断的新软件诞生。人们在交流工作心得的时候也总会先问一句"你用的是什么软件？"似乎软件成为他们之间交流的前提。那么，在初学阶段我们是否需要学习如此海量的软件，我们又是否有这么多的精力去学习不同的软件，每一款软件更新之后是否都要去更换现有的版本呢？在这里笔者将对这些问题给出自己的看法。

目前，我们所用到的大部分软件都是欧美国家，主要是美国的。著名的 Adobe 软件公司和 Autodesk 公司包揽了文娱产业的大部分软件应用，成为网友俗称的"全家桶"。每年，此类公司会招聘大量的工程师来开发软件，软件产业也成为美国的一大经济支柱。如同动画公司以时间单位来制作动画，游戏公司以 3A 标准来制作游戏，软件公司同样以每年产出多少款软件为计数标准来制作软件。不难发现，除了 Maya 之外，其他大部分工作软件也都会在每年的 8 月之后更新下一代版本，虽然我们并不完全清楚它更新的功能是否受用。那么，我们有必要将这些软件都学一遍吗？学习软件的时候是下载最新版为最好吗？答案是否定的。这里我们不妨引用树状图的形式来做比喻。

首先，软件可以从大类上划分，如数字媒体专业的软件为后期非线性编辑软件，动画为二维逐帧软件或三维软件，游戏为三维软件和游戏引擎，平面设计为平面制图软件等等。从大类上划分可以看出他们构成上的明显区别，操作思路与使用习惯皆大相径庭。

其次，同一类别在小类上可继续划分。如 Maya 和 3D Max 都能够制作游戏的建模部分。但是两者又各有侧重，Maya 侧重于动画和特效分布。3D Max 侧重于建筑和室内设计部分。两者在建模环节虽然有所区别，但核心部分（多边形编辑）是一样的，不同之处在于编辑方式和功能性的差别。这里建议初学者可以选择一种专攻，不用两个都会。"鱼与熊掌不可兼得"，操作方式和编辑思路的不同往往会使同时使用 Maya 和 3D Max 的人造成思路上的混乱，另外，两者均学习体量庞大，精通需要巨大的时间积累，精力上难有兼顾，所以不建议都学。

再次，第三方软件的构成。所谓第三方软件，可以简单理解为第一方就是操作者自己，第二方就是要解决的问题即对象，用另外的软件去处理对象就是用第三方的软件。第三方软件是针对某种软件在应用功能上的不足或者漏洞，而由非软件编制方的其他组织或个人开发的相关软件。所以，第三方软件是辅助第一方软件工作的软件。此类软件也有很多种，但其中有一些是固定性第三方软件，如 Photoshop、Substance Painter、ZBrush。这些软件是长期配合 Maya、3DMax 进行工作的软件，存在一定的不可替代性。初学者需要一定程度的掌握，除此之外，像 Toolbag、Rizom UV、Topogun 等功能可以由第一方软件完成的就属于使用者的工作习惯了，此类软件可以根据需要选择性地学习。

另外，此处需要引入一个概念，就是综合性与单一性软件。所谓"综合性软件"就是由多个模块组成的多功能型软件，它能够整合工作流程中的多种任务并通过插件安装或编写脚本来增加软件的功用，如同一个可编辑的平台。如 Maya、3D Max、C4D、Unreal、Unity 等第一方三维游戏动画软件和游戏引擎都属于此类。而"单一性软件"就是功能单一的软件，它是只负责完成一种工作任务并且专门针对工作流程中的缺陷来开发的软件。大部分第三方软件都属于此类，如图 11-3-1 所示。

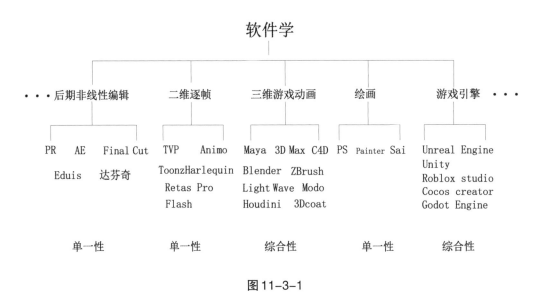

图 11-3-1

最后，版本稳定性与象征性更新。并不是每一次的更新都需要下载安装使用。在这里建议初学者使用目前稳定性最高的版本进行学习。一般情况下，每一种软件都会在某一个版本出现"革命性"更新，即与上一代版本在文件内部代码和功能上发生较大变动，如 Maya 2018 和 ZBrush 4R7，这种更新促使上一代版本制作的文件无法与此版本兼容或延续。那么，该版本就是需要长期使用的。而往后的年度更新如并未在核心部件进行改动，只是在一些不常用的小功能上进行变动，则此类更新为象征性更新，初学者可以忽略。

随着时代进步，学软件成为专业学习的第一步，笔者相信"软件学"这一概念在不久的将来会在我国推广开来，并成为一个独立的专业。如何快速有效地学好软件也将成为高校教学的重要环节，对我国现代化教育改革起到至关重要的作用。

参考文献

［1］https://www.autodesk.com.cn/products/Maya/overview

［2］http://www.CGTalk.com

［3］http://www.zbrushcentral.com

［4］https://www.sideshowtoy.com

［5］http://www.ilm.com/

［6］http://wetaworkshop.com/

［7］http:// digitaldomain.com/

［8］Autodesk官方网站（Maya2022帮助文档）.https://help.autodesk.com/view/MayaUL/2022/CHS/

［9］知乎官方网站.https://www.zhihu.com/

［10］百度百科.https://baike.baidu.com/

［11］百度图片.https://image.baidu.com/

［12］百度经验.https://jingyan.baidu.com/

［13］CSDN社区.https://www.csdn.net/

［14］vertexture官方网站.https://vertexture.org/

［15］张金钊，张金镝.ZBrush游戏角色设计[M].北京：清华大学出版社，2016.

后 记

随着时代的不断进步，传统工作方式的转变促使现代人与时俱进。在信息时代的大浪之下，传统行业的变革势在必行。其中，动画游戏行业的转变尤为明显。在经历过全球疫情的大考验之后，我国的动画与游戏行业又迎来一波新的挑战。从过去的美日文化输入到OEM代工产业的盛行，再到自主IP的研发，最后是现在的产业转型调整，每一个阶段都反映了行业的整体实力和发展方向。动画与游戏产业是一个波动性较大的行业，它的波动不仅与市场和人才的供需关系、全球市场资本的流通运行相关，更与每一个阶段的国家政策与文化自信程度紧密联系。紧跟时代脉搏，抓住核心技术是这个行业的必然趋势。

时代的转变带给动画游戏产业的不仅是产品内容和游玩方式的转变，更是人们观念的变化。动画与游戏虽然是两个不同的产业，但其内核是相通的。动画产业的蓬勃发展，经历了由量变到质变的过程，虽然在经济总量上与游戏产业还有较大差距，但从内容上来看，已经逐步实现文化自主的目标。相比之下，游戏产业的发展迎来了内部结构调整的阶段。从最早的引进国外的游戏到后来自主IP的研发，虽然期间经历了次时代游戏代工与盗版冲击的阶段，但我国游戏产业的自主性仍然在不断壮大。归根结底，真正影响游戏行业发展的还是人们生活方式的改变。从过去的红白机与小霸王到后来的PC和主机，抑或是从GBA到PSP再到Switch，游戏方式的转变总是伴随着生活方式的转变。进入智能机时代，手游的流行同样预示着产业的转型。其中，时代变化造就的生活方式的转变是最重要的。现代人的时间构成正在被逐渐"碎片化"，较之以往坐在电视或电脑前看一整天的动漫或打几个小时的游戏而言，当下已经很少再有这样整段的时间。同时，生活节奏的加快，学习与工作压力等各种因素导致人们也没有过多的精力来享受游戏时光。笔者认为，玩游戏的人变少是不可逆转的趋势。未来，新娱乐方式的产生会使传统游戏模式被代替。

无论行业发展多么瞬息万变，但"建模"这个基础应用是永远不会消失的。从最早的曲面建模和多边形建模到如今的数字雕刻和实物扫描，技术的进步一直推动着工作流程的改进。

最后，感谢刘宏侠、周越、周鸿渐、张恒、张文定等曾经帮助过我的人们。人生不易，学海无涯。学好建模，不仅对从事动画游戏行业有帮助，更对从事与模型应用相关领域的工作有帮助。学习建模的过程是一个知识拓展、理论升级的过程，更是学一门手艺、一种技术的过程。所以，如果你是对此感兴趣的人，那就热爱手艺（LoveCraft）吧！

尹 欣

2021 年 8 月 20 日